Der Umbau des Anhalter Bahnhof
und die Berlin-Anhalter Eisenbahn

edition·epilog·de

# Der Umbau des
# Anhalter Bahnhof
## und die Berlin-Anhalter Eisenbahn

Zeitreisen zur Kultur + Technik
Herausgegeben von Ronald Hoppe
edition·epilog·de

Bibliografische Information der Deutschen Nationalbibliothek:
Die Deutsche Nationalbibliothek verzeichnet diese Publikation
in der Deutschen Nationalbibliografie; detaillierte bibliografische
Daten sind im Internet über http://dnb.dnb.de abrufbar



Ausgewählt, redigiert und gestaltet von Ronald Hoppe
Herstellung und Verlag: BoD – Books on Demand, Norderstedt

ISBN: 978-3-7431-9651-3

*Gleishalle von Süden. Foto: Hermann Rückwardt, 1881.*

*Der Anhalter Bahnhof um 1920.*

### Editorische Anmerkungen

Das Einleitungskapitel ›Die Berlin-Anhalter Eisenbahn‹ wurde aus *Berlin und seine Eisenbahnen* von 1896 entnommen. Das zweite Kapitel ›Umbau des Anhalter Bahnhofs zu Berlin in den Jahren 1872 – 1880‹ erschien ursprünglich 1884 in der *Zeitschrift des Architekten- und Ingenieur-Vereins zu Hannover*. Die Beiträge über das neue Empfangsgebäude in Berlin und den Werkstätten-Bahnhof bei Tempelhof entstammen den Jahrgängen 1879 und 1880 der *Deutschen Bauzeitung*.

Für diese Ausgabe wurden die Originaltexte in die aktuelle Rechtschreibung umgesetzt und behutsam redigiert. Längenangaben und andere Maße wurden gegebenenfalls in das metrische System umgerechnet.

# Die Berlin-Anhalter Eisenbahn

Am 14. April 1836 wandte sich ein Komitee, bestehend aus den Bankiers A. Meyer, W. Beer und C. Schultze, dem Hauptbankdirektor Reichenbach und dem Justizrat Bode mit einem Gesuch an den Wirklichen Geheimen Rat Rother, um die vorläufige Genehmigung zur Bildung einer Gesellschaft zur Erbauung einer Eisenbahn von Potsdam nach der sächsischen Grenze beim Dorf Nieska (nördlich von Riesa) zum Anschluss an die Leipzig-Dresdener Bahn zu erlangen. Durch Kabinettsorder vom 11. Juni 1836 wurde diese Genehmigung erteilt und dem Verein eine sechsmonatige Frist zum Nachweis der Kapitalzeichnung und der Bildung der Aktiengesellschaft unter den für die Begründung von Eisenbahngesellschaften inzwischen eingeführten Bedingungen bewilligt. Die ursprünglich ins Auge gefasste Mitbenutzung des Gleises der Berlin-Potsdamer Eisenbahngesellschaft erwies sich als unmöglich. Es wurde daher bereits im Dezember 1836 die Genehmigung auch für den Fall erbeten, dass die neue Bahn unmittelbar von Berlin aus nach der sächsischen Grenze geführt werde. Durch Kabinettsorder vom 25. Februar 1837 wurde auch diesem Antrag entsprochen, jedoch unter der Bedingung, dass die Leipzig-Dresdener Eisenbahn von Leipzig bis zur Elbe zuvor ausgeführt sei, oder ihre Vollendung wenigstens als sichergestellt erwiesen werde. Daraufhin bildete sich die Berlin-Sächsische Eisenbahn-Gesellschaft; der von dieser im April 1837 vorgelegte allgemeine Entwurf für eine Bahn von Berlin bis zur sächsischen Grenze mit den Stationen Trebbin, Luckenwalde, Jüterbog, Herzberg und Liebenwerda war vom Baukondukteur Rosenbaum aufgestellt und erforderte ein Anlagekapital von rund 2 500 000 Taler[1].

Ernste Bedenken gegen die Konzessionierung dieser Bahnlinie hatte inzwischen der Generalpostmeister von Nagler geltend gemacht. Er befürchtete, dass durch die Bahn ein großer Teil des Durchgangsverkehrs vom Osten der Monarchie über Berlin nach dem Westen und Südwesten Deutschlands, nach Holland und Frankreich auf eine Strecke von über 70 km dem preußischen Staat entzogen und auf die sächsische Post abgelenkt werde; besser sei es, die Bahn von Berlin aus nach Halle zu führen, welche Richtung dem Land und dem Verkehr erhebliche Vorteile biete; wenn dagegen erst einmal die Bahn von Berlin nach Riesa bestände, so würden die Unternehmer dieser Bahn alles aufbieten, um das Zustandekommen einer anderen direkten Eisenbahn von Berlin nach Magdeburg zu verhindern. Diese Einwendungen konnten umso weniger unbeachtet bleiben, als inzwischen am 6. Mai 1837 ein Gesuch wegen Genehmigung einer Bahn von Potsdam nach Halle und Leipzig, und ein zweites zur Fortsetzung der Bahn von Halle über Nordhausen nach Kassel zur Verbindung der voneinander getrennten

---

1) Ein Taler von 1837 entspricht einer heutigen Kaufkraft von rund 50 €.

westlichen Provinzen der Monarchie eingegangen war. Für eine Eisenbahnverbindung zwischen Berlin und der mittleren Elbe standen sonach außer der Linie Berlin–Riesa noch die Linien Potsdam–Halle, Berlin–Luckenwalde–Dessau–Köthen und Berlin–Magdeburg zur Wahl. Darüber, welche dieser Linien dem Staatsinteresse am meisten entspräche, fanden längere Erörterungen im Staatsministerium statt. Der vom Finanzminister in einem Immediatbericht vom 23. Oktober 1837 vertretenen Auffassung, wonach es besonders darauf ankomme, dass durch die Bahn die künftige Verbindung mit den westlichen Provinzen befördert oder wenigstens nicht gehindert werde, entsprach, wie die Mehrheit des Staatsministeriums schließlich entschied, die Berlin-Riesaer Bahn damals nicht. Sie wurde daher zunächst aufgegeben, um erst 10 Jahre später zur Verwirklichung zu gelangen. Schon vorher hatte sich übrigens die Mehrheit des Staatsministeriums dahin ausgesprochen, dass der Berlin-Sächsischen Eisenbahngesellschaft für den Fall der Nichtgenehmigung ihres Projekts ein Entschädigungsanspruch zuzubilligen sei.

Auf den Bericht vom 31. Dezember 1837 entschied der König am 6. Februar 1838 gleichwohl, dass der Bau dieser Bahn wegen der einmal gegebenen Zustimmung zwar zu gestatten, aber nicht weiter zu begünstigen sei. Mit den Vorstehern der Gesellschaft aber sei darüber in Unterhandlung zu treten, dass die Bahn nach Riesa aufgegeben und eine andere Linie gewählt werde, die entweder unmittelbar von Berlin ausgehe oder die Potsdamer Bahn fortsetze und bei Köthen in die damals im Bau begriffene Magdeburg-Hallesche Bahn einmünde. Für diese Eisenbahnverbindung mit der Magdeburg-Leipziger Eisenbahn sei eine staatliche Begünstigung in Aussicht zu stellen. Von der Mehrzahl der mit bedeutenden Summen beteiligten Aktionäre des ursprünglichen Unternehmens erwartete man, dass sie ihre Kapitalzeichnungen auf das Unternehmen einer Bahn nach Köthen übertragen würden. Bei den Besitzern eines Anteils von 800 000 Talern war zweifelhaft, ob sie hierauf eingehen würden. Durch Kabinettsorder vom 18. März 1838 wurde genehmigt, dass die ursprüngliche Aktiengesellschaft, unter Verzicht auf den Bau der Bahn nach Riesa und vorbehaltlich der genauen Feststellung der Linie, die Erlaubnis zum Bau der Bahn von Berlin auf Köthen zur Verbindung mit Halle und Magdeburg erhalte. Erforderlichenfalls sollte die Königliche Seehandlung mit einem Betrage bis zu 300 000 Talern, der später auf 1 200 000 Taler erhöht wurde, an die Stelle der Aktionäre eintreten, die sich der neuen Bahnrichtung anzuschließen weigerten, und diesen ein bei der Wiederveräußerung der Aktien etwa entstehender Ausfall von der Staatskasse zurückerstattet werden. Hier finden wir also zum ersten Mal bei den preußischen Eisenbahnen das Zugeständnis einer Art von Staatsunterstützung.

Das Komitee brachte nun die Richtung der Bahn, dem früheren Entwurf entsprechend, über Luckenwalde und von hier über Wittenberg, Roßlau und Dessau nach Köthen in Antrag. Eine erneute Eingabe der Berlin-Potsdamer Eisenbahngesellschaft, die Bahn von Potsdam nach Köthen zu führen, hatte keinen Erfolg, ebenso wurde ein Entschädigungsanspruch, den die Leipzig-Dresdener Bahn wegen Aufgabe der Bahn nach Riesa erhob, zurückgewiesen, und durch Kabinettsorder vom

25. April 1838 der Berlin-Sächsischen Eisenbahngesellschaft der Bau der Bahn unmittelbar von Berlin ausgehend über Luckenwalde nach Köthen endgültig gestattet.

Mit der anhaltischen Regierung mussten Verabredungen für den Fall der Aufhebung der zwischen Preußen und den anhaltischen Herzogtümern bestehenden Zollvereinigungen getroffen werden. Die preußische Regierung verlangte zugleich mit Bezug auf die Magdeburg-Leipziger Bahn eine Zusicherung dahin, dass Anhalt den Durchgang durch sein Gebiet mit der Eisenbahn weder mit einer Durchgangsabgabe belegen noch durch Förmlichkeiten bei der Abfertigung erschweren, vielmehr höchstens eine Personalbegleitung eintreten lassen werde.

Am 14. September 1838 reichte das Komitee den Kostenüberschlag für die neue Linie, der den Betrag von rund 3 000 000 Taler ergab, nebst Erläuterungsbericht und das Gesellschaftsstatut ein. Zwischenstationen waren vorgesehen in Trebbin, Luckenwalde, Wittenberg und Dessau und Anhalteplätze in Großbeeren, Zahna, Coswig und Roßlau. Die Brücke über den Schafgraben (der später zum Landwehrkanal ausgebaut wurde) war mit 12 000 Taler, das Empfangsgebäude in Berlin mit 40 000 Taler veranschlagt. Dabei war nicht einmal eine besondere Bahnsteighalle vorgesehen. Mit elf Dampfwagen gedachte man, für den Betrieb auszukommen. Der Berliner Endbahnhof sollte zwischen dem Potsdamer und dem Halleschen Tor in der Nähe des Palais des Prinzen Albrecht (in der Wilhelmstraße, gegenüber der Einmündung der Kochstraße), jedoch

außerhalb der Stadtmauer angelegt, und zu diesem Zweck auf Kosten der Gesellschaft ein neues Tor in der Stadtmauer hergestellt werden, das durch eine besondere neue Straße mit der Wilhelmstraße zu verbinden wäre. Diese neue

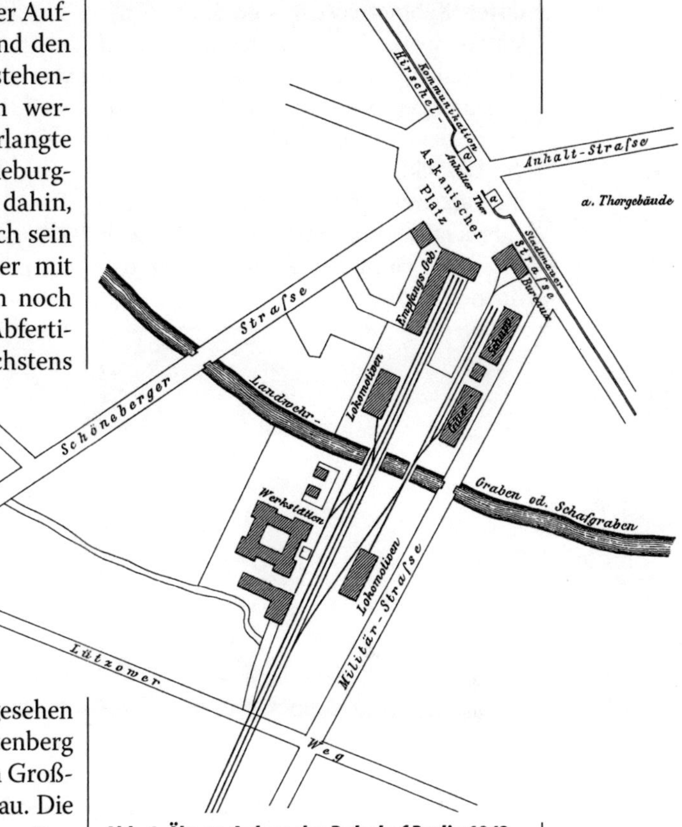



**Abb. 1. Älteste Anlage des Bahnhof Berlin 1842.**

Straße die – Anhaltstrasse – und das neue Tor sollten gleichzeitig dem öffentlichen Verkehr freigegeben werden, auch sollte die Straße in der Richtung auf Schöneberg fortgeführt werden und dadurch besonders dem Verkehr der Truppen nach ihren Übungsplätzen zwischen Tempelhof und Schöneberg zugutekommen. Diese Pläne erhielten durch Kabinettsorder vom 24. Oktober 1838 die königliche Genehmigung.

Die Verhandlungen mit den anhaltischen Regierungen führte zum Staatsvertrag vom 26. April 1839. Die allgemeine Prüfung des Bahnentwurfs fiel zur Zufriedenheit aus, und so wurde das Gesellschaftsstatut vom 3. April 1839 durch Kabinettsorder vom 15. Mai bestätigt. Später nahm die Gesellschaft auf Wunsch der Herzoglich Anhaltischen Regierungen die Firma Berlin-Anhaltische Eisenbahngesellschaft an, die auch der tatsächlich auszuführenden Bahnlinie besser entsprach. Als erster königlicher Regierungskommissar wurde auch für diese Bahn der Regierungsrat von Koenen bestellt.

*Abb. 2. Das Empfangsgebäude von 1841 in Berlin.*

Für die Führung der Bahnlinie südlich von Berlin ergaben sich daraus Schwierigkeiten, dass jede Durchschneidung des Exerzierplatzes am Kreuzberg von vornherein für unzulässig erklärt war. Nach langen Verhandlungen gelang es der Gesellschaft, wenn auch nicht ohne bedeutende Opfer, diese lästige Beschränkung zu beseitigen. Die Eisenbahn musste als Gegenleistung einen neuen, 70 000 m² großen Truppenaufstellungsplatz am Kreuzberg beschaffen und einebnen, eine 33,3 m breite Brücke über die Bahn (die noch heute bestehende Kolonnenbrücke) zum Transport von Truppen und Geschützen erbauen, deren Anlage 9500 Taler kostete, eine neue sogenannte Militärstraße vom Tor nach dem Aufstellungsplatz für das Militär, mit Bäumen bepflanzt, nebst einer Brücke über den Landwehrgraben – die heutige Möckernstraße – anlegen; für das zur Bahn abgetretene Gelände, so weit dieses den Inhalt der von der Gesellschaft überwiesenen Fläche überstieg, 35 Pf/m² zahlen; eine besondere Entschädigung von 15 000 Taler an das Kriegsministerium entrichten und die Pächter des eingetauschten Landes, sowie die Forderungen des Vereins für Pferdezucht, der seine Rennbahn hatte verlegen müssen, befriedigen. Die Militärstraße kam der Bahn selbst in der Folge als Zufuhrweg zu den eigenen Güterschuppenanlagen zustatten.

Die beiden Eisenbahnbrücken über den Landwehrgraben wurden, den Forderungen der Polizeibehörde entsprechend, von vornherein so hergestellt, dass sie den Schiffsverkehr auf der künftig als Kanal auszubauenden Wasserstraße nicht behinderten; es waren Drehbrücken mit gusseisernem Tragwerk, deren Kosten rund 18 700 Taler betrugen. Eine zweite Straßenbrücke über den Landwehrgraben wurde neben der Militärbrücke von der Eisenbahngesellschaft noch im Zuge der Schöneberger Straße hergestellt, die von der Eisenbahn zur besseren Verwertung ihrer eigenen Grundstücke vom Torplatz aus in der Richtung auf Schöneberg zu angelegt worden war. So übte die Bahnanlage von Anfang an einen wesentlichen Einfluss auf die Gestaltung des ganzen südwestlichen Stadtteils zwischen dem Potsdamer und Halleschen Tor. Die Anlage der nach der neuen Bahn benannten Anhaltstrasse gab später

## Die Arbeiten schreiten vorwärts

*VOSSISCHE ZEITUNG*    10.7.1839

*Berlin.* Die Arbeiten an der Berlin-Sächsischen Eisenbahn schreiten auf allen denjenigen Punkten der über 20 Meilen langen Bahnstrecke, wo die Terrain-Erwerbung bisher stattfinden konnte, erfreulich vorwärts. Unmittelbar nach der General-Versammlung am 3. April wurden die ersten Arbeiten begonnen. Jetzt nach etwa drei Monaten sind sie schon ansehnlich gefördert. Die Bahn ist in zehn Stationen geteilt, die zusammengenommen die Länge von 40 145 Ruten[1] haben. Die obere Leitung des Baus haben die Ober-Ingenieure Rosenbaum und Mohn, und zwar der Erste die Sektion 1–5 (von Berlin aus), der Zweite die Sektion 6–10 nach Köthen zu. Zu der ersten Abteilung gehört der hiesige Bahnhof, zu dem alles Terrain erworben, und die nötige Aufschüttung im vollen Gange, bereits zu fast einem Viertel vollendet ist, so dass der Bau des Empfangshauses mit Nächstem beginnen kann. Auf der ersten Sektion wird, weil die Terrain-Erwerbung noch nicht vollständig ist, noch nicht gearbeitet; auf der Zweiten aber, von Großbeeren bis Trebbin, 5159 Ruten (2½ Meilen) lang, sind von den dazu erforderlichen 31 076 Schachtruten Erde schon gegen 24 000 verwendet, nämlich 4552 Längen-Ruten Planum hergestellt, so dass nur noch ein Damm von 600 Ruten Länge zu schütten bleibt. Auch der Bau aller Brücken und Durchlässe auf dieser Route wird

1) Eine Rute sind rund 3,77 m.

im September beendigt sein. Auf der zweiten Sektion, wo die Arbeit erst Ende Mai begonnen hat, sind bereits über 800 Ruten Planum fertig, 500 laufende Ruten in Arbeit und große Strecken der Dossierung schon mit Rasen belegt.

Auf den Sektionen 3–8 ist das Terrain erst teilweise erworben, daher der Bau auch nur vorbereitet, die Linie genau abgesteckt, Materialien herangefahren und dgl. m. Auf der 9. Sektion ist das Terrain ganz erworben, der Bau seit dem 3. Juni in Angriff genommen, und bereits über 4000 Schachtruten Erde auf eine mittlere Entfernung von 80 Ruten bewegt, und fast ¾ Meile Planum hergestellt. Auch der sehr bedeutende Brückenbau auf dieser Sektion (jenseits der Elbe), nämlich 7 große und 5 kleine Bauten und 5 Durchlässe, hat begonnen, und wird zum Herbst vollendet sein. Auf der zehnten Sektion ist der Bau ebenfalls am 3. Juni angefangen worden, indem das Terrain so weit es im Dessauischen liegt, erworben ist, auch ist das für den zu Köthen notwendigen großen Bahnhof bereits angekauft.    ❑

## Die Resultate der Arbeiten

*VOSSISCHE ZEITUNG*    10.10.1839

*Berlin.* Die Resultate der Arbeiten an der Berlin-Sächsischen Eisenbahn bis Ende September sind folgende: Mit Ausnahme der ¾ Meilen von hier bis Lankwitz, der nächsten Umgebung von Wittenberg und etwa einer Meile im Herzogtum Köthen ist der Bahnbau auf der ganzen Linie im Gange. Die Arbeiten von hier bis

Lankwitz haben noch nicht beginnen können, weil noch unentschieden ist, ob die Bahn den Exerzierplatz vor dem Halleschen Tor durchschneiden, oder denselben in einer Kurve umgehen wird. Wegen der Bahnlinie bei der Festung Wittenberg schweben noch Verhandlungen mit der hohen Militär-Behörde, und im Herzogtum Köthen ist das Expropriations-Gesetz noch nicht verkündet, nunmehr aber täglich zu erwarten.

Auf dem hiesigen Bahnhof ist der Bau des Empfangshauses und des Seitenflügels so weit vorgeschritten, dass jetzt die ersten Balken verlegt werden können. Der Grundbau zu dem Steuer- und dem Schachtgebäude vor dem anzulegenden neuen Tor ist beendigt. Von den auf der ganzen Bahnstrecke zu bewegenden Erdmassen ist beinahe der dritte Teil bewegt, und von dem zu fertigenden Planum von 40108 Ruten sind bereits 14646 laufende Ruten, also mehr als ein Drittel, fertig und die Dossierung größtenteils mit Rasen belegt. Es waren im Monat September im Ganzen 3737 Arbeiter an der Bahn beschäftigt und ungeachtet wiederholter Bekanntmachungen und Einladungen durch die Amtsblätter in den angrenzenden und entfernteren Regierungsbezirken war keine größere Anzahl Arbeiter heranzuziehen. ❏

## Vor der Eröffnung

*VOSSISCHE ZEITUNG* 31.8.1840
*Dessau. (Privatmitteilung).* Die auf morgen angesetzte Eröffnung der Sektion der Berlin-Anhaltischen Eisenbahn von hier bis Köthen, hat nicht nur hier, sondern auch in der Umgegend die allgemeinste Teilnahme erweckt, so dass sich bereits heute unsere Stadt mit Fremden füllt, die von allen Seiten hereinkommen, um bei dem für uns so wichtigen Ereignis gegenwärtig zu sein. Um halb zehn Uhr morgen Vormittag ist die Eröffnungsfahrt nach Köthen angesetzt, an der seine Durchlaucht, der Herzog höchstselbst bis zur Landesgrenze teilzunehmen geruhen werden. Außer den bereits heute aus Berlin hier eingetroffenen Direktoren der Gesellschaft und mehreren Mitgliedern des Verwaltungs-Rats werden die hiesigen höchsten Beamten, die Beamten der Eisenbahn und eine große Anzahl der angesehensten Personen der Stadt an dieser Eröffnungsfahrt teilnehmen.

Der Zug wird in Köthen, dem Vernehmen nach, von seiner Durchlaucht, dem Herzoge von Köthen empfangen werden, und sämtliche Mitfahrende sind zu einem Frühstück von seiner Durchlaucht, das in der großen Bahnhofs-Restauration stattfinden wird, eingeladen. Die Rückfahrt von Köthen nach Dessau, an welcher von dort aus alle dazu geladenen Beamten und angesehenen Personen aus Köthen und Bernburg teilnehmen werden, geschieht nach eingenommenem Frühstück. Mittags findet sodann hier in Dessau ein großes Festmahl im Konzert-Saal statt, wozu seine Durchlaucht, unser allergnädigster Herzog die sämtlichen Teilnehmer an der Fahrt einzuladen geruht haben. Damen werden an dieser ersten Morgenfahrt nicht teilnehmen. Doch nachmittags wird eine zweite Fahrt insbesondere für die Damen der Stadt und für alle diejenigen Personen stattfinden, die wegen der räumlichen oder sonstigen Verhältnisse nicht zu der Morgenfahrt eingeladen werden konnten.

## Probefahrt der ersten Borsig-Maschine

*VOSSISCHE ZEITUNG* 22.6.1841
*Berlin.* Gestern ist auf der Berlin-Anhaltischen Eisenbahn eine erste Probefahrt von einer Meile mit einer

vaterländischen Lokomotive, in den Werkstätten des Herrn Borsig gebaut, gemacht worden. Die Maschine kam am Freitag Mittag auf dem Bahnhofe an, und war Sonntag früh schon so weit zusammengesetzt, dass der Versuch derselben morgens 6 Uhr statt fand. Sie gibt hinsichtlich der Arbeit den englischen nicht nur nichts nach, sondern ist mit noch größerer Genauigkeit und Eleganz gearbeitet. Alle mit ihr vor-

genommenen Proben hinsichtlich der Schnelligkeit und der Dampfentwicklung hat sie vollkommen bestanden. Sie hat 8 Räder, die Zylinder haben 10½ Zoll Durchmesser, die Treibräder 4½ Fuß. Eine wesentliche Verbesserung der Maschine ist, dass der Dampf in den Zylindern expandieren kann, und daher weit weniger Wasser und Brennmaterial gebraucht wird, wie bei andern Dampfwagen. So wäre denn nun der Beweis geliefert, dass wir die Lokomotiven nicht über Meer zu holen haben, und eine Fabrik unserer Vaterstadt hat sich den Ruhm erworben, uns in dieser Beziehung völlig zu emanzipieren. ❏

## Eröffnung der Strecke
## Berlin – Jüterbog

*VOSSISCHE ZEITUNG*                    3.7.1841

*Berlin.* Zur Nachmittagsfahrt am gestrigen Eröffnungstag der Anhaltischen Eisenbahn hatte sich das Wetter günstiger gemacht als am Morgen – und wäre die positive Eröffnung frühzeitiger durch die öffentlichen Blätter bekannt-

geworden, als erst durch die Blätter von gleichem Datum, so hätten sich auch wahrscheinlich noch zur Nachmittags-Vergnügungsfahrt eine größere Anzahl Spazierfahrer aus Berlin eingefunden. Freilich konnte man nicht erwarten, dass Berliner noch um 5 Uhr nachmittags bis Luckenwalde oder Jüterbog mitfahren würden, um dort zu übernachten und am nächsten Morgen zurückzukehren.

Dies Interesse der Neuheit haben die Eisenbahnen nicht mehr, um dafür die Freuden und Leiden eines Nachtquartiers in einem kleinen Ort zu bestehen. Aber man konnte noch bis Trebbin, um, nach einem viertelstündigen Aufenthalt dort, mit dem zweiten Zuge aus Jüterbog um 7 wieder in Berlin zu sein. Mehrere haben diese erste Vergnügungsfahrt mitgemacht, und, unbeschadet der sehr späten öffentlichen Bekanntmachung, würden wohl noch mehr sich eingefunden haben, wenn nicht durch die mehrfachen früheren Privat-Probe- und Lustfahrten der Direktion (von denen aber die Aktionäre nicht unterrichtet wurden, obwohl deshalb in der letzten Generalversammlung Wünsche laut wurden und Anträge gemacht sind) die erste Wissbegier einer nicht unbedeutenden Zahl unserer Mitbewohner, die bei dergleichen Gelegenheiten nicht fehlen mögen, schon befriedigt gewesen wäre. Wie die technischen Einrichtungen dieser Bahn durchaus solide und lobenswert sind, so war auch bei dieser Fahrt des ersten Tages keine Unordnung und Unsicherheit, die so leicht bei der Neuheit zu entschuldigen wäre, bemerkbar. In der bestimmten Zeit, ja eher früher, wurden die Stationen erreicht. Nur sprach sich unter den Vergnügungsreisenden sehr laut und einstimmig der Wunsch aus, dass die Preise erniedrigt werden möchten. Wenn man bis Potsdam für 7 ½ Sgr.[1] fahren kann (und dies dünkt schon Viele zu hoch), wer würde dann 12 Sgr. bis Trebbin zahlen. Man bemerkte, dass Großbeeren (wenn dort ein Halteplatz eingerichtet wird), leicht ein Vergnügungsort werden dürfte, der, seiner anmutigen Lage und historischen Erinnerungen wegen, viele anderen überflügeln möchte; nur müsse man die Preise bedeutend ermäßigen. ❐

## Eröffnung der Strecke Wittenberg – Jüterbog

*Vossische Zeitung*　　　　　　11.9.1841

*Berlin.* Die Eröffnung der Berlin-Anhaltischen Eisenbahn hat diesen Morgen stattgehabt. War gleich dieselbe nicht mit veranstalteten Feierlichkeiten verbunden, so bildete das Ereignis doch an sich selbst eine freudige Feierlichkeit, die durch das schönste mildeste Herbstwetter begünstigt wurde. Merkwürdig war es zu sehen, wie Leben und Verkehr erweckend es bis in die inneren Teile der Stadt wirkte – denn schon inmitten derselben sah man gefüllte und bepackte Droschken zu ungewöhnlich früher Stunde dem Anhaltischen Tor zueilen, und in der Nähe desselben waren die Straßen von einem Verkehrsgeräusch erfüllt, dass sie den lebhaftesten der Stadt gleich stellte.

Auf dem Bahnhof selbst aber sah man erst, wie ungemein der Andrang war. Große Packwagen kamen an und alle Türen des Billettverkaufs und der Paket-Büros waren belagert. Der Knoten scheinbarer Verwirrung löste sich jedoch bald, und um 7 ¼ Uhr hatten die Reisenden die sämtlichen Wagen des ersten Zuges (denn der große Andrang hatte zwei nötig gemacht) eingenommen. Unter den Abreisenden befanden sich auch Ihre Kgl. Hoh. die Frau Prinzessin Karl von Preußen. Das Direktionspersonal machte diese erste Fahrt bis Köthen mit. Fünf Minuten nach halb acht setzte sich der erste Zug, durch die Lokomotive der ›Courier‹ befördert, in Bewegung. Er bestand aus acht Wagen der drei Klassen, drei Packwagen und drei Reise-Equipagen. Der zweite Zug, von der vaterländischen Lokomotive ›Borsig‹, unter Aufsicht des Erbauers selbst geführt, folgte dem ersten nach einer Viertelstunde. Er bestand aus fünf Passagier-, drei Packwagen und zwei Reise-Equipagen. Eine große Menge von Zuschauern hatten sich eingefunden, um Zeuge dieser ersten Akte der vollständigen Tätigkeit der neuen Bahn zu sein, welche nunmehr drei so bedeutende Städte, wie Berlin, Leipzig und Magdeburg, der anziehenden Zwischenpunkte nicht zu gedenken, in eine Nachbarschaft von wenigen Stunden gebracht hat.

Der Zug, der aus Köthen diesen Morgen abgegangen war, traf diesen Mittag um ¾ auf zwei Uhr mit bekränzter Lokomotive hier ein. Die Ankunft hatte sich um eine Stunde verzögert, wie wir hören, weil der Koks nicht von geeigneter Qualität und die Schienen durch starken Tau sehr schlüpfrig waren. Der Abgang des Mittagszuges von hier wurde dadurch eben so lange aufgehalten und eben so die Ankunft des um Mittag aus Köthen abgegangenen Zuges, welcher den hiesigen bei Zahna abwarten musste. Gewiss werden ähnliche Verzögerungen für die Zukunft vermieden werden, da sie, wegen des Anschlusses an die Magdeburger Bahn, für die Reisenden äußerst unangenehm werden könnten. Es sind heute in 4 Zügen hin und zurück über 1000 Personen befördert. ❐

---

1) Nach heutiger Kaufkraft ca, 12,50 €.

Veranlassung zur Herstellung der Straßenverbindungen durch die Puttkamer- und Besselstraße.

Die Hochbauten des Berliner Bahnhofs wurden erheblich geräumiger und besser hergestellt, als anfangs beabsichtigt war; auch die Hauptwerkstätten wurden hier, westlich von den Hauptgleisen, südlich vom Schafgraben untergebracht. Es wurde hier zum ersten Mal eine scharfe Scheidung der Anlagen für den Personen- und Güterverkehr durchgeführt, was freilich eine zweite Brücke über den Landwehrgraben, östlich von der für die Hauptbahn, erforderlich machte. Die Güterschuppen waren, für ankommende und abgehende Güter getrennt, an der Westseite der Militärstraße angelegt. Die Lokomotivdrehscheiben wurden, abweichend von dem bis dahin üblichen Brauch, in solcher Größe hergestellt, dass es nicht mehr nötig war, die Maschinen beim Drehen vom Tender zu trennen, sondern dass beide zugleich gedreht werden konnten. Die Gesellschaft stellte ferner die neuen Toranlagen des Anhaltischen Tores, ein Steuer- und ein Wachtgebäude mit Zubehör, ein besonderes Verwaltungsgebäude am Torplatz sowie zur Gewinnung des Koks, der bei der Lokomotivheizung verwendet wurde, zwei Koksöfen am Berliner Bahnhof her. Durch das Verwaltungsgebäude hoffte man, die Baulust außerhalb des Tores anzuregen.

Die ersten Schienen waren in England bereits in den Jahren 1837 und 1838 zum Preise von 200 bis 205 Mark für die Tonne angekauft worden, mussten zwei Jahre in Hamburg ungenutzt lagern und wurden infolge von Lagermieten, Provisionen und Zinsen natürlich recht kostspielig; die späteren Käufe erfolgten in England mit 180 und 170 Mark für die Tonne frei Hamburg; schon frühzeitig

schritt die Gesellschaft zur Verwendung der Vignolschienen statt der bis dahin besonders in England vielfach gebräuchlichen Stuhlschienen und hierbei wurden an den Schienenstößen schmiedeeiserne Unterlagsplatten angeordnet.

**Abb. 3. Güterzuglokomotive der Berlin-Anhalter Eisenbahn von A. Borsig aus dem Jahre 1866. Leergewicht 288 Tonnen. Zylinderdurchmesser 432 mm. Kolbenhub 610 mm. Treibraddurchmesser 1371 mm. Kesselüberdruck 8 Atm.**

An Lokomotiven wurden beschafft: vier Stück schwere mit 2 Paar gekuppelten Rädern und elf leichte, sämtlich aus der Fabrik von R. Stephenson & Co in Newcastle am Tyne, und eine leichte von Borsig; letztere kostete 12 000 Taler während für die übrigen 15 im ganzen 235 097 Taler (d. i. durchschnittlich 47 000 Mark für das Stück) gezahlt wurden. Die *Abb. 3* stellt eine Güterzuglokomotive von der Borsigschen Fabrik aus dem Jahr 1866 dar, gehört also einer Zeit an, wo man sich von den englischen Vorbildern längst völlig freigemacht hatte.

Die Bahn besaß schon einen Königswagen, der 3024 Taler gekostet hatte, und 12 unbedeckte Sommerwagen III. Klasse, die indes nach etwa 6 bis 8 Jahren wieder außer Betrieb gesetzt wurden. Die Bahn war im Allgemeinen eingleisig hergestellt. Doppelgleise lagen nur zwischen Großbeeren und der nachträglich südlich hiervon angelegten Haltestelle Ludwigsfelde und zwischen Wittenberg und Coswig. Die Bahnstrecke von Berlin nach Jüterbog wurde am 1. Juli, und die ganze Bahn nach Köthen am 10. September 1841 dem Betrieb übergeben.

Die Genehmigung zur Fortsetzung der Berlin-Potsdamer Bahn nach Magdeburg, womit eine sehr beachtenswerte Konkurrenzlinie in Aussicht stand, veranlasste die Gesellschaft, auf eine andere Ausdehnung ihres Netzes Bedacht zu nehmen und den Bau der Zweigbahn von Jüterbog über Röderau nach Riesa erneut ins Auge zu fassen, durch die eine direkte Schienenverbindung nicht nur nach Dresden, sondern weiterhin auch nach Prag, Wien und Triest geschaffen wurde. Die früher gegen diese Bahn erhobenen Bedenken waren inzwischen beseitigt, und so wurde die Konzession zu ihrem Bau durch Kabinettsorder vom 15. November 1844 erteilt. Im Mai 1847

wurde der Bau der Zweigbahn begonnen und am 1. Oktober 1848 die ganze Strecke, einschließlich der auf sächsischem Gebiete liegenden beiden besonderen Anschlussstrecken von Röderau nach Leipzig und Dresden, dem Betriebe übergeben.

Das Leipzig-Dresdener Eisenbahndirektorium hatte darauf bestanden, dass auf der Zweigbahn neben der Hauptrichtung Berlin – Dresden alsbald auch ein durchgehender Verkehr von Berlin nach Leipzig eingerichtet werde, während die Anhalter Bahn begreiflicherweise, um ihrer eigenen Stammbahn Berlin – Wittenberg – Köthen (mit Anschluss über Halle nach Leipzig) nicht selbst Konkurrenz zu machen, sich mit dem durchgehenden Verkehr der Hauptrichtung Berlin – Dresden begnügen wollte. Bei diesem Interessenstreit musste die Anhalter Bahn nachgeben. Sie musste sich dazu bequemen, die Konzession zu den Anschlussstrecken auf sächsischem Gebiete, die sowohl nach Leipzig als auch nach Dresden den direkten Übergang ermöglichen sollten, von der

*Abb. 3. Der Bahnhof bei Köthen.*

sächsischen Staatsbehörde zu erbitten, die sie nach langen Verhandlungen schließlich gewährte.

Das stete Anwachsen des Verkehrs veranlasste den Minister von der Heydt, im Jahr 1853 die Herstellung des zweiten Gleises zwischen Trebbin und Jüterbog zu verlangen. Am 16. Juni 1853 wurde demgemäß das zweite Gleis zwischen Trebbin und Luckenwalde fertiggestellt, während die Fortsetzung bis Jüterbog erst später zur Ausführung kam. In jener Zeit begann die allgemeinere Einführung breitfüßiger statt der Stuhlschienen, die sich besonders gegenüber den mit Rücksicht auf den stärkeren Güterverkehr erforderlich gewordenen schwereren Lokomotiven und gegenüber den damals eingeführten Schnellzügen als zu schwach erwiesen hatten. Seit dem Jahr 1855 war die Beseitigung der Koksöfen auf dem Berliner Bahnhof in Anregung gekommen, deren Betrieb infolge des den Öfen entströmenden Qualms die Umgebung stark belästigte und den Verkehr der Schöneberger Straße durch die zahlreichen Kohlentransporte lebhaft beeinträchtigte. Die Verhandlungen hierüber schleppten sich Jahre lang hin, die Gesellschaft setzte allen Versuchen, auch nur eine Verbesserung herbeizuführen, hartnäckigen Widerstand entgegen. Erst zu Anfang der 1860er Jahre kamen die Öfen allmählich außer Betrieb, nachdem die Steinkohlenfeuerung bei den Lokomotiven eingeführt war.

Gegen Mitte der 1850er Jahre ging die Gesellschaft zur Erweiterung ihres Unternehmens durch Bau verschiedener Zweigbahnen über. Die neuen Bahnlinien, die dem Unternehmen unmittelbaren Anschluss an die thüringische und sächsisch-bayrische Bahn ermöglichten, wurden in den Jahren 1857 bis 1859 vollendet, und zwar die Strecken Dessau – Bitterfeld am 17. August 1857, Bitterfeld – Halle und Bitterfeld – Leipzig am 1. Februar 1859 und Wittenberg – Bitterfeld am 3. August 1859. Im Jahr 1857 sehen wir den ununterbrochenen Schienenweg bereits von Berlin über Wien bis nach Triest ausgedehnt und die Anhalter Bahn zu einem Hauptglied in der großen Eisenbahnstraße vom Adriatischen Meere zur Nord- und Ostsee entwickelt. Der Betrieb des Unternehmens gewann im Jahr 1863 noch weiter an Ausdehnung, als die am 1. November 1863 eröffnete Herzoglich-Anhaltische Leopoldsbahn mit der Strecke Roßlau – Zerbst, die im Jahr 1874 eine Fortsetzung bis Magdeburg erhielt, in Pacht genommen und später von der Gesellschaft käuflich erworben wurde.

Im Jahre 1868 waren die Strecken Wittenberg – Bergwitz und Bitterfeld – Landsberg der Anhalter Bahn die einzigen noch eingleisigen Abschnitte auf der ganzen Linie Berlin – Frankfurt a. M.; die Aufsichtsbehörde forderte daher aus militärischen Rücksichten nachdrücklich die Herstellung des zweiten Gleises, das daraufhin auf der Strecke Berlin – Halle bis zum Jahre 1869 durchgehends vollendet wurde. Auch die Strecke Jüterbog – Röderau wurde bis zum Jahre 1873 vollständig mit dem zweiten Gleis versehen; eingleisig blieb nur noch die Elbbrücke bei Roßlau und die alte Strecke Dessau – Köthen.

Im Jahr 1868 wurde die Errichtung einer Haltestelle an der Anhalter Bahn bei Lichterfelde von dem Besitzer Carstenn der Rittergüter Lichterfelde und Giesensdorf betrieben, der das erforderliche Gelände überwies und selbst das Stationsgebäude errichtete. Die Haltestelle wurde am 20. September 1868 in

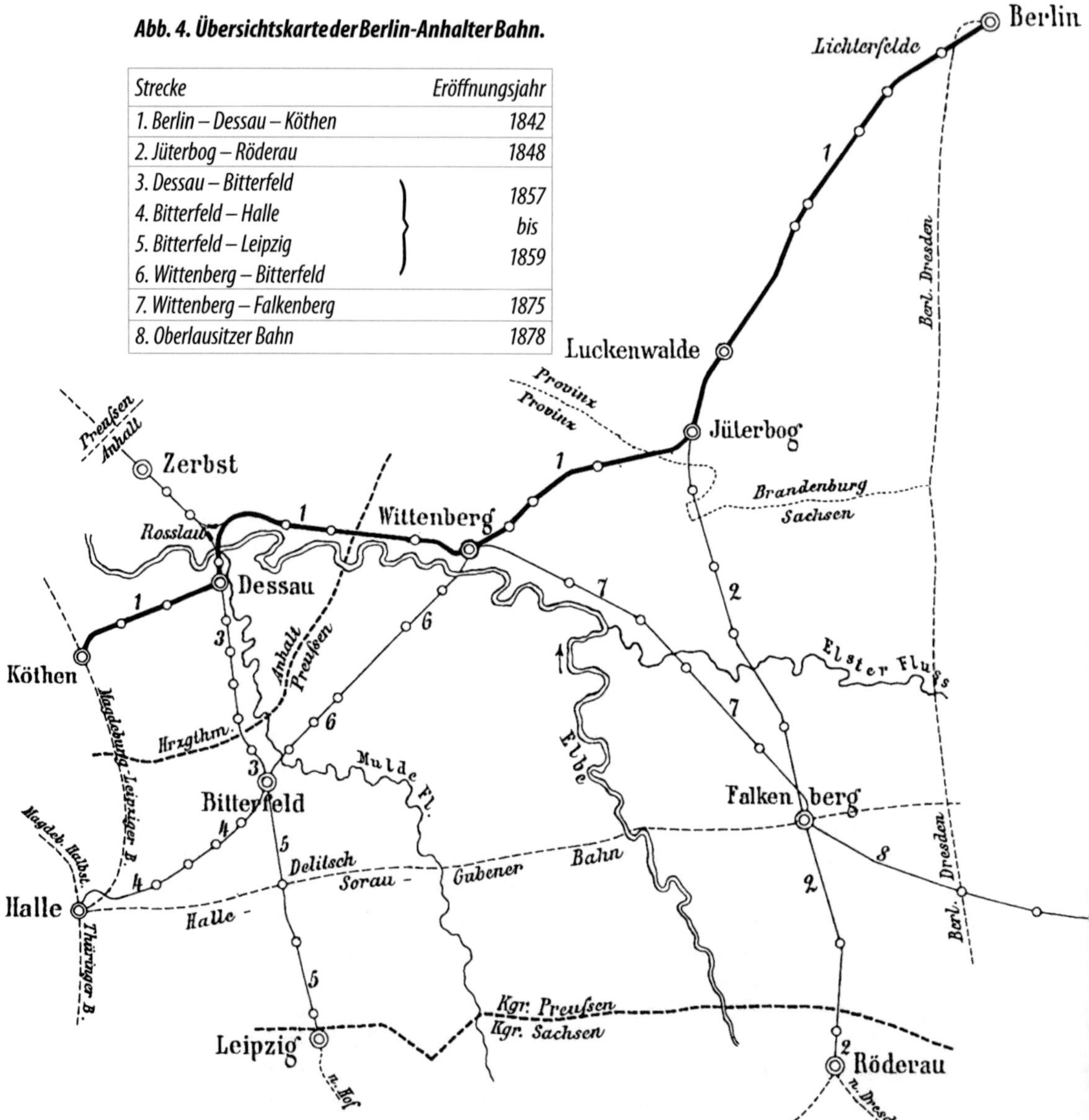



Betrieb genommen, und es hielten hier in der Folge 3 Züge nach jeder Richtung, nämlich die Züge, die 9:00 Uhr, 12:45 Uhr und 22:30 Uhr Berlin verließen, und die, welche um 9:00 Uhr, 16:45 Uhr und 23:05 Uhr dort eintrafen. Dies war der damalige Anfang des Lichterfelder Vorortverkehrs.

Die Verhandlungen des Gutsbesitzers Carstenn mit dem Kriegsministerium wegen Herstellung eines Kadettenhauses bei Lichterfelde (anstatt auf dem hierfür früher vorgesehenen Grundstück am Hippodrom in Berlin) gaben der Berlin-Anhaltischen Eisenbahngesellschaft im Jahr 1870 Veranlassung zu dem Angebot, den Offizieren und Zöglingen dieser Anstalt gewisse Transportvergünstigungen zu gewähren. Als Gegenleistung wurden vom Handelsministerium Zugeständnisse in Bezug auf die Konzessionierung einer Bahn von Lichterfelde nach Potsdam und der Bahn von Zerbst bis zur Anhaltisch-Preussischen Landesgrenze verlangt.

Die Rechtsverhältnisse zwischen dem Gutsbesitzer Carstenn und der Anhalter Bahn wegen der Anlage der Kadettenanstalt, die 1871 endgültig beschlossen war, wurden durch einen besonderen Vertrag vom 9. Juni 1871 geregelt. Danach übernahm die Eisenbahngesellschaft die unentgeltliche Beförderung aller Baumaterialien von Berlin bis zur Baustelle, verpflichtete sich, nach Eröffnung des Kadettenhauses außer den vier Kurier- und Schnellzügen von und nach Frankfurt a. M. alle übrigen Schnell- und Personenzüge, im ganzen damals sieben nach jeder Richtung, in Lichterfelde halten zu lassen, die Kadetten zum Reitunterricht, zum Pagendienst und zum Besuch der Königlichen Theater unentgeltlich zu befördern, den Offizieren der Anstalt freie Fahrt zu gewähren und

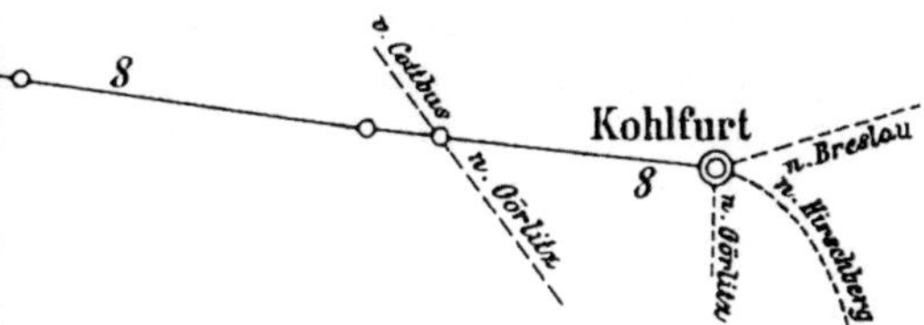


noch verschiedene sonstige Vergünstigungen eintreten zu lassen. Dagegen übereignete Carstenn der Gesellschaft das Bahnhofsgelände von Lichterfelde, leistete eine Barzahlung von 63 750 Mark und zahlte jährlich 1590 Mark als Transportvergütung.

Im Jahr 1875 wurde der Bau von Wohngebäuden für die Beamten sowie eines Rangierbahnhofs und neuer Werkstätten[1] bei Tempelhof und eines Verbindungsgleises zwischen dem Berliner Güterbahnhof und dem Bahnhof Tempelhof der Berliner Verbindungsbahn, des sogenannten äußeren Ringbahnanschlusses, beschlossen, nachdem der innere Ringbahnanschluss bereits im Jahr 1870 ausgeführt worden war. Hierzu kam noch das Bedürfnis der Bahnhofsumbauten in Halle, Köthen, Jüterbog, Luckenwalde, Wittenberg und von Erweiterungen in Bitterfeld und Dessau, die Anlage von Werkstätten, der Ausbau von Brücken in Eisen und eine umfassende Vermehrung der Betriebsmittel. Für alle diese Ausführungen war ein Kostenbetrag von 57 Mill. Mark ermittelt.

Nach Vollendung der Oberlausitzer Bahn von Falkenberg nach Kohlfurt (1. Juni 1874), der Strecke Biederitz – Zerbst der Potsdamer Bahn (1. Juli 1874) und der Bahn Wittenberg – Falkenberg, die am 15. Oktober 1875 dem Verkehr übergeben wurde, gelangte die Gesellschaft in den Besitz der kürzesten Verbindung zwischen Magdeburg und Breslau, was von um so größerer Bedeutung wurde, als die Gesellschaft im Jahr 1878 den Betrieb der Oberlausitzer Bahn mit übernahm. So hatte sich das Unternehmen bis zum Jahr 1875 auf 431 km eigener Bahnlänge ausgedehnt.

Auf Grund des Vertrages vom 8. März und des Gesetzes vom 13. Mai 1882 gingen Betrieb und Verwaltung der Anhalter Bahn an den Staat über. Die Verwaltung der sämtlichen Strecken, einschließlich der zu dem Oberlausitzer Eisenbahnunternehmen gehörenden Linie Kohlfurt – Falkenberg wurde durch königl. Erlass der Königlichen Direktion der Berlin-Anhaltischen Eisenbahn zu Berlin vom 1. Juli 1882 an übertragen. ❏

---

1) siehe Seite 83.

# Tarifbestimmungen von 1844 der Berlin-Anhaltischen Eisenbahn

**Personen-Beförderung**

- Jeder Reisende hat sich zeitig mit dem erforderlichen Pass oder einer Passkarte zu versehen, indem bei Verhinderung der Abreise wegen desfallsiger Mängel aus polizeilichen Gründen die Rückgabe bereits bezahlten Fahrgeldes nicht stattfinden kann.
- Jedes Fahrbillett ist nur für die darauf gestempelte Fahrt gültig, daher jeder Käufer sofort zu prüfen hat, ob es auf die gewünschte Fahrt lautet – spätere Reklamationen können nicht berücksichtigt werden.
- Sichtlich kranke Personen, namentlich Epileptische, Ausschlags- oder Gemütskranke, so wie Personen im trunkenen Zustande und überhaupt solche, welche durch ihre Nachbarschaft oder durch ungebührliches Betragen den Mitreisenden augenscheinlich lästig fallen, können zur Mit- oder resp. Weiterfahrt (mit Verlust des gezahlten Fahrgeldes) nicht zugelassen werden.
- Nur kleine Kinder, welche noch nicht gehen können, also im Arme getragen werden müssen, werden frei befördert. Kinder unter 10 Jahren zwei auf ein Billett, für ältere Kinder aber müssen Fahrbilletts wie für Erwachsene gelöst werden. Für ein Kind unter zehn Jahren in I. Wagenklasse ist ein Billett II. Klasse, in II. Klasse ein Billett III. Klasse, und in III. Wagenklasse ist für ein Kind und einen Erwachsenen ein Billett II. Klasse zu lösen.
- Es können geschlossene Coupés zu 6 Personen in Wagen I. Klasse, zu 8 Personen in Wagen II. Klasse, und zu 10 Personen in Wagen III. Klasse genommen werden, in welche dann auch einige Kinder über die Zahl mitzunehmen unverwehrt ist. Solche Coupés können jedoch nur bis Köthen garantiert werden.
- Der Umtausch von Billetts am Abfahrtsorte kann nur zu einer höheren Wagenklasse, vor dem Schlusse der Kasse und zu derselben Fahrt stattfinden.
- Wer von Zwischen-Stationen aus in einer bessern Wagenklasse weiter fahren will, hat zu einem Billett II. Klasse noch ein Billett III. Klasse zu nehmen, um in I. Klasse, und zu einem Billett III. Klasse noch ein zweites dergleichen, um in der II. Klasse fahren zu können. Nur in Berlin und Köthen geben die zur I. und II. Wagenklasse gelösten Billetts unbedingten Anspruch auf solche Wagenplätze, auf den Zwischen-Stationen aber nur insoweit, als in den daselbst ankommenden Wagen I. und II. Klasse noch Plätze unbesetzt sind.
- Tabakrauchen ist in der I. Wagenklasse unter keiner Bedingung gestattet, in II. Wagenklasse nur dann, wenn keiner der im Coupé Sitzenden dagegen Einspruch tut.
- Versäumte Abfahrt begründet überall keinen Anspruch irgendeiner Art. Eine unterbrochene Fahrt berechtigt nur zur Rückforderung des bezahlten Fahrgeldes pro rata Seitens derjenigen, welche etwa nicht mit demselben Zuge später, oder mit dem nächstfolgenden Zuge weiter fahren wollen.
- Wer bei der Revision ohne Billett oder mit einem unrichtigen befunden würde, ist zur Nachzahlung des Fahrgeldes für

die ganze, schon zurückgelegte Fahrt des Zuges und für den Platz, auf welchem er sich befindet, verpflichtet.

- Die Fahrbilletts haben dieselbe Farbe wie die Wagenklasse, auf welche sie lauten (I. Klasse rot, II. Klasse gelb, III. Klasse grün), und über den Wagen oder über einzelnen Coupés sind die Ortsnamen der verschiedenen Stationen aufgesteckt, wohin der Zug geht. Die Aufnahme in einen andern Wagen oder in ein anderes Coupé, als über welchem der im Fahrbillett genannte Bestimmungsort aufgesteckt ist, kann kein Passagier verlangen.
- Fahrbilletts direkt bis Magdeburg und Leipzig (ohne Umladen des Gepäcks in Köthen) können nur von Berlin ab gelöst werden, von den Zwischen-Stationen aus aber nicht weiter als bis Köthen, wo neue Billetts gelöst werden müssen.
- Hunde dürfen nicht in den Personenwagen, können aber in besonderen Behältnissen gegen Fahrbilletts (à 1 Sgr. pro Meile) mitgenommen werden, ohne dass jedoch dafür irgend eine Garantie geleistet wird.

**Passagiergepäck**

Seit dem 1. Januar 1844 sind statt der bisherigen 40 Pfund Freigepäck à Person 50 Pfund Freigepäck gestattet, und ist die bisherige Abstufung für Übergewicht von 60 und resp. 50 Pfund auf eine Skala von 10 zu 10 Pfund ermäßigt worden.

Die Taxe für jede 10 Pfund Übergewicht beträgt:

- zwischen Berlin und Magdeburg 4½ Sgr.
- zwischen Berlin und Halle 4½ Sgr.
- zwischen Berlin und Leipzig 5 Sgr.
- zwischen Berlin und Köthen 3½ Sgr.
- zwischen Berlin und Braunschweig 7 Sgr.

und für geringere Strecken nach dem auf allen Stationen aushängenden Tarife.

Der niedrigste Tarifsatz für Übergewicht wird 1 Sgr. betragen.

- Das Passagiergepäck muss mit dem Namen des Eigentümers und dem Bestimmungsorte deutlich bezeichnet und festgepackt oder verschlossen, spätestens eine halbe Stunde vor der Abfahrt, unter Vorlegung des Fahrbilletts, in die Gepäcks-Expedition eingeliefert und daselbst die etwaige Überfracht berichtigt werden, widrigenfalls der Reisende es sich selbst beizumessen hat, wenn die Beförderung unterbleibt.
- Gegen ordnungsmäßig eingeliefertes Gepäck werden unentgeltlich Garantiescheine erteilt, durch welche dasselbe von der Gesellschaft mit einem Taler pro Pfund garantiert wird. Alles Gepäck muss gewogen werden. Nur kleinere Gegenstände darf der Reisende, so weit dies ohne Belästigung der Mitfahrenden geschehen kann, bei sich im Wagen unter eigener Aufsicht behalten, jedoch ohne irgend eine Vertretung dafür Seitens der Gesellschaft.
- Der Inhaber eines Garantiescheines hat solchen sorgsam zu verwahren, indem das darin bezeichnete Gepäck jedem Vorzeiger des Scheins gegen dessen Zurückgabe ausgeliefert und dadurch die Gesellschaft von jedem weiteren Anspruche befreit wird.
- Alle in den Wagen oder auf den Bahnhöfen von Reisenden verlorene Sachen müssen von den Wagen- und Bahnhofswärtern in die Gepäcks-Expedition zu Berlin eingeliefert werden, wo dieselben von den Eigentümern nach gehöriger Legitimation in Empfang genommen werden können.
- Die uniformierten und mit einer Nummer und den Buchstaben B. A. E. an der Mütze versehenen Gepäckträger auf dem Berliner Bahnhofe führen gedruckte polizeiliche Erlaubnisscheine bei sich, mit Taxe für die verschiedenen Dienstleistungen für Reisende, welche sie auf

Verlangen vorzuzeigen und streng ein-
zuhalten verpflichtet sind. Auf erwiese-
ne Überschreitung derselben erfolgt die
Bestrafung oder Entlassung der Kontra-
venienten.

### Equipagen-Transport

(I. bedeutet 4- oder 2-sitzige Kutschen mit
unbeweglichem Verdeck, II. alle anderen
leichtere Equipagen.)
Von Berlin bis Magdeburg:

I. 25 Taler. II. 18 Taler.

Von Berlin bis Halle:

I. 22½ Taler. II. 16⅔ Taler.

Von Berlin bis Leipzig:

I. 27 Taler. II. 19 Taler.

- Die Equipagen müssen spätestens eine Stunde vor Abgang des Zuges auf dem Bahnhofe, unter Vorzeigung des dafür gelösten Billetts, abgeliefert werden. Nach Ankunft auf der Bestimmungs-Station wird gegen Zurückgabe des Billetts an den Zugführer die Equipage ausgeliefert, und muss spätestens innerhalb zwei Stunden vom Bahnhofe abgefahren werden, widrigenfalls für jede Equipage pro Stunde 5 Sgr. Standgeld zu entrichten ist.
- In Berlin werden Equipagen auf Anmeldung (12 Stunden vor Abgang des betreffenden Zuges) in der Billett-Expedition oder in einem der Anmeldelokale in der Stadt gegen billige Vergütung sowohl nach dem Bahnhofe abgeholt als von da abgefahren.
- Der Abholer der Equipage muss sich durch Abgabe des von der Güter-Expedition abgestempelten Duplikats des Anmeldezettels legitimieren und ihm ist, gegen Aushändigung des Equipagen-Billetts (mit Koupon), der darauf bemerkte Betrag zu bezahlen.
- Auf allen übrigen Stationen kann diese An- und Abfuhr nicht zugesagt werden. Für Equipagen übernimmt die Gesellschaft keine andere Garantie, als die gegen Feuersgefahr während der Fahrt, und zwar für Equipagen I. Klasse bis zum Belaufe von 600 Taler, für Equipagen II. Klasse bis zum Belaufe von 300 Taler pro Stück. Für das auf oder in den Equipagen befindliche Gepäck wird gar keine Garantie geleistet.
- Den Eigentümern der Equipagen, so wie deren Domestiken, steht es zwar frei, während der Fahrt in ihrer Equipage sitzen zu können, jedoch nur gegen Lösung eines Billetts II. Klasse für jede Person (der Herrschaft) und eines Billets III. Klasse für jeden Domestiken.

### Die Bedingungen zur Aufnahme von Gütern zum Transport auf der Eisenbahn sind folgende:

- Beifügung eines Frachtbriefes, enthaltend: Ort und Datum der Aufgabe; Bezeichnung und Anzahl der Kolli; dann Marken, Nummer, Bruttogewicht und Inhalt; Name und Wohnort des Absenders; Name und Wohnort des Empfängers. Gedruckte Formulare zu solchen Frachtbriefen sind in der Güter-Expedition jeder Station und in den untengedachten Anmeldelokalen à 3 Pf. für 1 Stück (10 Stück für 1 Sgr.) zu haben. Wird auch die Ausfüllung des Formulars verlangt, so ist dafür (inkl. des Formulars) 1 Sgr. pro Stück zu zahlen. - Frachtgut mit andern als solchen Frachtbriefen wird nur dann zur Beförderung angenommen, wenn diese ausdrücklich die Bemerkung enthalten: mit Anerkennung der Bestimmungen des Güter-Reglements der Berlin-Anhaltischen Eisenbahn-Gesellschaft.
- Die Beifügung einer besonderen Deklaration für solche Gegenstände, welche bei Einführung in die Städte Wittenberg und Berlin gesetzlich der Schlacht- und Mahlsteuer unterliegen.
- Die Beifügung eines gehörig abgestem-

pelten Begleitscheines oder Frachtbriefes bei solchen Gegenständen, welche nach § 93 der Zollordnung vom 23. Januar 1838 der Transport-Kontrolle im Innern unterliegen.

- Eine solide Verpackung und Emballage aller Kolli.
- Ausgeschlossen von der Beförderung auf der Eisenbahn sind: a. alle postzwangspflichtige Gegenstände, mithin einzelne Kolli unter 40 Pfund, bare Gelder, ungemünztes Gold und Silber, Dokumente und Preziosen; b. alle leicht feuerfangende oder durch Reibung entzündbare Gegenstände. Wer dennoch unter falscher Deklaration solche Gegenstände zur Beförderung bringen sollte, wird im Falle eines dadurch veranlassten Brandes für jeden desfallsigen Schaden in Anspruch genommen.
- Bäume, Sträucher und andere Gegenstände, welche die Königl. Fahrposten nicht annehmen, oder solche von mehr als 12 Fuß Länge, werden in der Regel auf der Eisenbahn nicht befördert, sondern es bedarf dieserhalb besonderer Übereinkunft.
- Schwefelsäure, Scheidewasser und andere derartige Gegenstände können auf der Eisenbahn nur dann befördert werden, wenn das zu versendende Quantum eine ganze Wagenladung von mindestens 40 Ztr. beträgt. Die Gesellschaft übernimmt jedoch für solche Sendungen keine Verbindlichkeit irgendeiner Art.
- Gegenstände, welche schneller Verderbnis unterliegen, können nur frankiert zur Beförderung angenommen werden.
- Bei Berechnung der Frachtgelder werden Frachtposten, die weniger als 1 Ztr. wiegen, für einen vollen Ztr. gerechnet. Gewichtsteile unter 14 Pfund gar nicht, von 14 Pfund aufwärts aber für ¼ Ztr.
- Bei Berechnung und Erhebung der Frachtbeträge wird der über 6 Pf. ausfallende Betrag für 1 Sgr. voll, dagegen der unter 6 Pf. gar nicht gerechnet.
- Möbeln und andere Gegenstände, welche bei geringem Gewicht bedeutenden Raum einnehmen, können nur zu dem doppelten Satze der Güter resp. Eilfracht befördert werden. Auf Verlangen werden jedoch für solche Artikel auch ganze, von den Absendern reglementsmäßig zu beladende Wagen gestellt, gegen Vergütung von 1 Taler pro Meile und 1 ½ Taler für Auf- und Abladen, womit auch die An- oder Abfuhr zum oder nach dem Berliner Bahnhofe schon mit vergütet ist.
- Der Transport von Produkten kann auf Verlangen des Absenders in ganzen Wagenladungen erfolgen, gegen Vergütung von 1 Taler pro Meile und 1 ½ Taler für Auf- und Abladen. Der Wagen darf aber mit nicht mehr als 72 Ztr. belastet werden.
- Auf der Magdeburg-Leipziger Bahn gehen solche Wagenladungen nur dann zu gleichem Frachtsatze über, wenn die Ladung von Berlin, Jüterbog, Wittenberg oder Dessau bis Magdeburg, Halle oder Leipzig geht und aus reinen Produkten besteht.
- Zum Transport von Gegenständen, welche als Eilgut mit den Personenzügen befördert werden sollen, übernimmt die Gesellschaft keine unbeschränkte Verbindlichkeit, sondern bei starkem Andrange nur so weit, als die disponiblen Betriebsmittel es irgend gestatten.
- Wenn Güter mit den Personenzügen befördert werden sollen, so muss dies auf der Adresse des Frachtbriefes durch den Vermerk ›Eilgut‹ mit roter Tinte in die Augen fallend bezeichnet werden.
- Wer Güter länger als 24 Stunden auf den Bahnhöfen liegen lässt, bezahlt 6 Pf. Lagerzins pro Ztr. und Tag und verliert außerdem alle Ansprüche an die Gesellschaft für etwaige Beschädigung oder Diebstahl. ❑

## Umbau des Anhalter Bahnhofs.

Ähnlich wie beim Potsdamer Bahnhof hatten sich auch beim alten Anhalter Bahnhof schon in den 1850er Jahren empfindliche Missstände entwickelt. Der Innenbahnhof reichte für die Bewältigung des gesteigerten Güterverkehrs nicht mehr aus, alle Rangierbewegungen sperrten den lebhaften Straßenverkehr am Tempelhofer Ufer, umso mehr, als in den Jahren 1857 und 1858 noch besondere Reservegleise auf der Südseite des Kanals angelegt worden waren. Gleichzeitig waren östlich von den bestehenden Gleisen provisorische Erweiterungen geschaffen und am Schifffahrtskanal eine massive La-derampe zum Ausladen von Kohlen erbaut worden.

Diese Unzuträglichkeiten legten schon damals den Gedanken eines vollständigen Umbaus und einer wesentlichen Erweiterung des Bahnhofs nahe. An eine Verwirklichung jener Pläne war aber vorerst noch nicht zu denken. Für eine Erweiterung des Bahnhofs reichte das Gelände bis zum Landwehrkanal jedenfalls nicht aus, ein Teil der Bahnhofsanlagen musste südlich des Kanals verlegt werden, für dieses Gebiet aber war zunächst ein Bebauungsplan festzustellen, was, wie wir oben gesehen haben, erst durch Kabinettsorder vom 18. Mai 1861 erfolgte.

Die Bahn konnte sich über die Sperrung einzelner Straßenzüge, die Über-

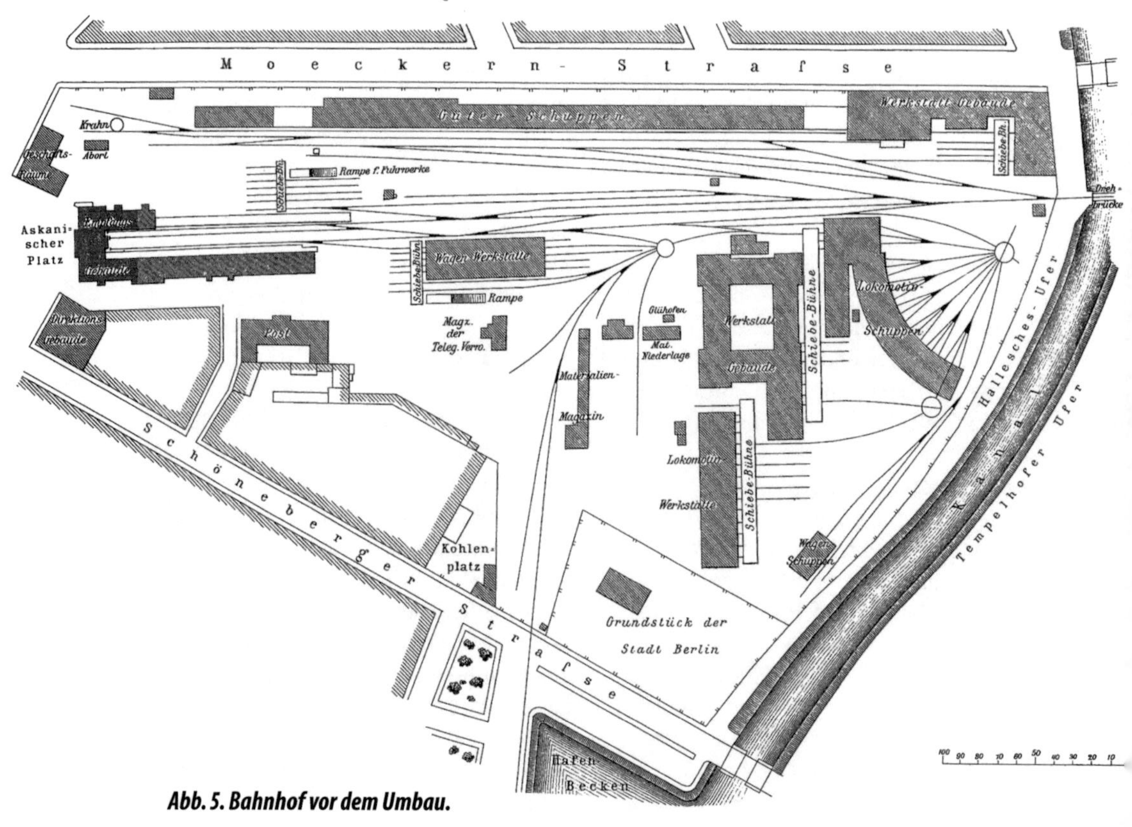


*Abb. 5. Bahnhof vor dem Umbau.*

schreitung anderer mit der Regierung und der Stadt nicht verständigen. Man half sich wieder mit Provisorien. So erfolgte im Jahr 1863 außer der Herstellung des drei Stock hohen Beamten-Wohn- und Dienstgebäudes an der Ecke der Bahnhofstraße, dessen Erdgeschoss an die Post vermietet wurde, die Verbreiterung des Bahnkörpers südlich vom Schifffahrtskanal bis zur Wärterbude 3a und die Vermehrung der Gleise auf jener Strecke.

Die Einziehung der Steuerhebestellen am Anhaltischen und Potsdamer Tor, die am 1. Januar 1865 stattfand, gab der Eisenbahnverwaltung Veranlassung, auf dem Berliner Bahnhof eine Steuerabfertigung nebst Güterspeicher herzustellen, zu der die Entwürfe im Herbst 1864 aufgestellt und genehmigt wurden. Im Dezember 1864 wurde der Ankunftsbahnsteig auf dem Berliner Bahnhof um 28 m verlängert. Ferner hatte die Bahn den Wunsch, womöglich die ganze Anlage, mindestens aber den Güterbahnhof, ganz nach Süden bis an den Höhenzug des Schöneberger und Tempelhofer Feldes hinaus zu verlegen, dem sich die Spediteure und sonstigen Verfrachter ernstlich widersetzten; die Staatsregierung dagegen wünschte eine Höherlegung der gesamten Bauten, die wieder für die Gesellschaft zu kostspielig war. Alle diese und andere Schwierigkeiten wurden erst durch langwierige Verhandlungen überwunden.

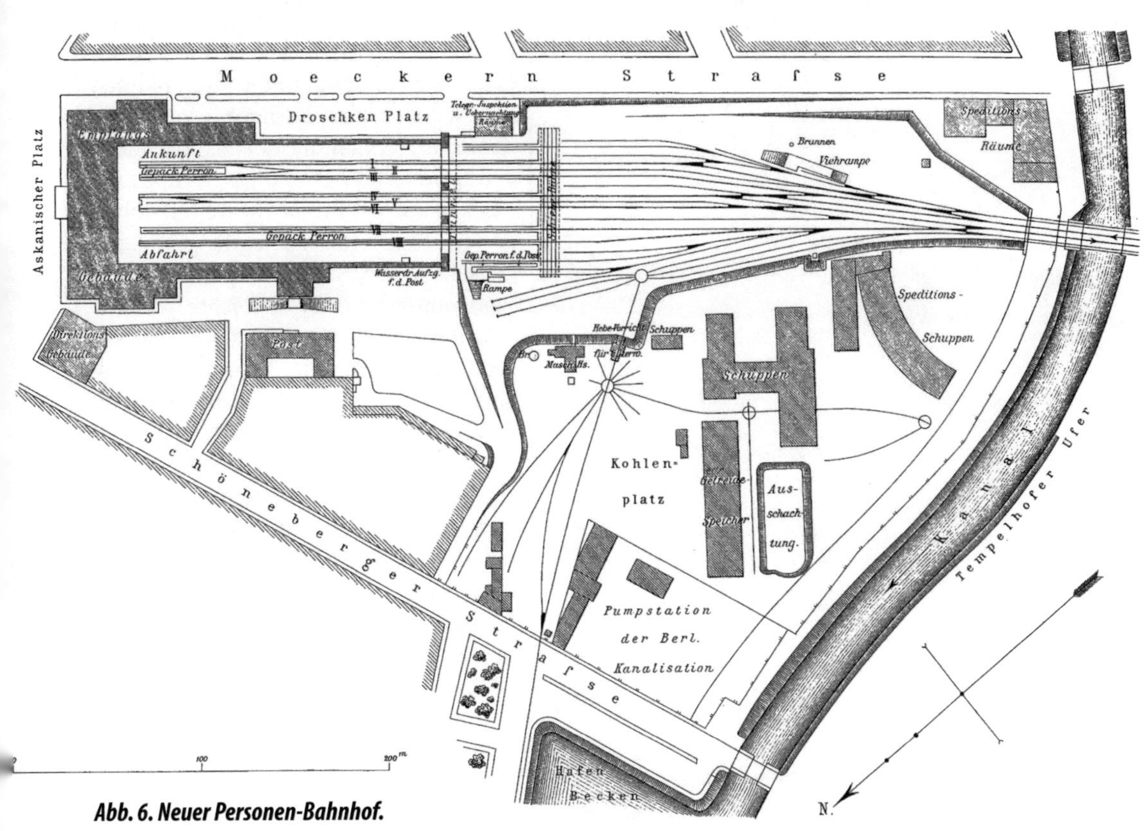


*Abb. 6. Neuer Personen-Bahnhof.*

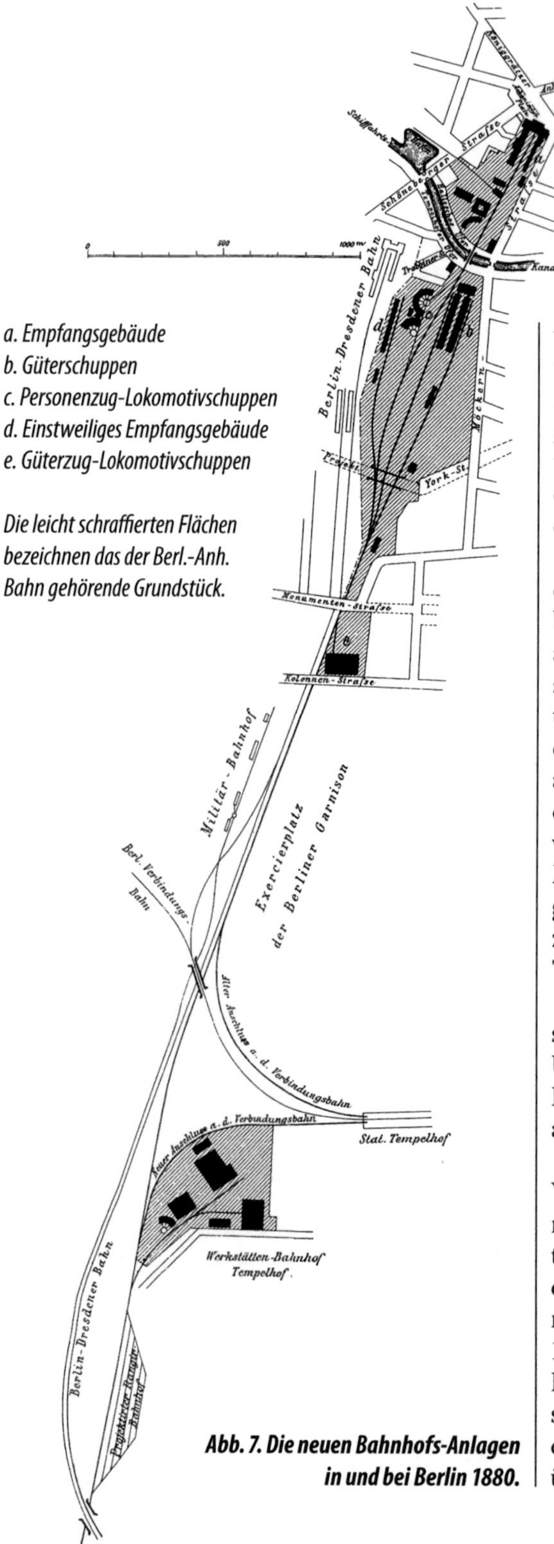


a. Empfangsgebäude
b. Güterschuppen
c. Personenzug-Lokomotivschuppen
d. Einstweiliges Empfangsgebäude
e. Güterzug-Lokomotivschuppen

*Die leicht schraffierten Flächen bezeichnen das der Berl.-Anh. Bahn gehörende Grundstück.*

**Abb. 7. Die neuen Bahnhofs-Anlagen in und bei Berlin 1880.**

Eine Verschwenkung der Gürtelstraße in südlicher Richtung um ca. 380 m bis zum Schnittpunkt der Bahn mit der Hagelsberger Straße, musste zugestanden werden, da es sonst bei den damaligen Grundwasserverhältnissen nicht möglich gewesen wäre, die Gürtelstraße überhaupt unter den Gleisen durchzuführen; hier musste sogar die Fahrstraße noch gegen die Bürgersteige gesenkt werden, um die unter den eisernen Überbauten erforderliche Lichthöhe von 4,4 m zu erreichen. Durch Kabinettsorder vom 16. Oktober 1868 wurde diese Führung der Yorkstraße genehmigt und zugleich bestimmt, dass der Personenbahnhof auf der seitherigen Stelle am Askanischen Platz belassen werde. Die Breite der Gürtelstraße wurde im Bereich der Unterführung unter den Bahnen auf Wunsch des Berliner Magistrats, dem die Herstellung der Straße oblag, von 56 m auf 26,4 m eingeschränkt, ein Maß, das selbst für den später erheblich gesteigerten durchgehenden Verkehr zwischen dem Schöneberger und dem Tempelhofer Viertel ausreichte.

Auf dieser Grundlage hatte die Eisenbahngesellschaft nunmehr die Umbauentwürfe mit schienenfreier Durchführung der Kanaluferstraßen auszuarbeiten und einzureichen.

Erst im Juli 1870 gelangten diese zur Vorlage und wurden durch Kommissionen des Handelsministers und aller beteiligten Behörden mit den Vertretern der Anhalter Eisenbahngesellschaft gemeinschaftlich vorberaten; im Frühjahr 1871 wurde der vollständige Umbau des Bahnhofes von den Aktionären der Gesellschaft beschlossen; bis zur Vollendung des Werkes vergingen aber noch über neun Jahre.

# Umbau des Anhalter Bahnhofs zu Berlin in den Jahren 1872 – 1880

## mitgeteilt vom Reg.-Baumeister Pinkenburg daselbst

Unter den im letzten Jahrzehnt begonnenen und vollendeten größeren Bahnhofs-Anlagen nimmt der Umbau des Bahnhofs Berlin der Berlin-Anhalter Eisenbahn sowohl wegen der Größe und Bedeutung des Gegenstandes, wie auch wegen der bei Entwurf und Ausführung zu überwindenden technischen Schwierigkeiten, einen hervorragenden Platz ein. Der Beschreibung desselben möge ein kurzer Überblick über die Entwickelung des Bahnhofs Berlin vorausgeschickt werden.

### Erste Anlage

Nach vielfacher Überlegung und weitläufigen Unterhandlungen konnte für die erste Anlage des Bahnhofs im Jahr 1839 die Gegend südlich vom jetzigen Askanischen Platz gewählt werden *(Abb. 1)*, von wo aus die Bahnlinie in ihrer jetzigen Lage nach Großbeeren geführt wurde. Zur Verbindung des Bahnhofs mit der Stadt mussten die Anhaltische Straße, das Anhaltische Tor, sowie die Ausführung zweier Torgebäude zur Aufnahme der Zollräumlichkeiten usw. auf Kosten der Bahn hergestellt werden. Die Anhaltische Straße führte man gleich anfangs als Schöneberger Straße über den damaligen Landwehr- oder Schafgraben, um die der Gesellschaft gehörenden, für den Bahnhofsbau entbehrlichen Grundstücke als Baustellen verwerten zu können. Das Empfangsgebäude, die Güter- und Wagenschuppen lagen diesseits, die Werkstätten jenseits des Landwehrgrabens, über welchen vier Brücken, und zwischen zwei Klappbrücken für die Schöneberger und Möckernstraße, zwei gusseiserne Drehbrücken für die Bahngleise erbaut wurden.

Schon in den Jahren 1845 – 50 wurden in Folge der Erbauung des Landwehrkanals und Aufhebung des Landwehrgrabens die genannten vier Brücken überflüssig, dagegen musste man zwei neue Brücken für die Straßen und eine eingleisige Drehbrücke für das Hauptgleis der Bahn über den Kanal erbauen. Der vorher durch den Landwehrgraben in zwei Teile getrennte Bahnhof konnte nun zu einem Ganzen vereinigt werden und erhielt etwa 600 m Länge.

In Folge der großen Verkehrssteigerung genügten die vorhandenen Bahnhofs-Anlagen nicht mehr; die Gesellschaft plante daher bereits Mitte der 1860er Jahre einen Neubau des Bahnhofs Berlin und erwarb zu dem Zweck jenseits des Landwehrkanals bedeutende Ländereien, von denen ein Teil sofort zu Betriebszwecken verwendet wurde. Nach eingehenden Vorarbeiten und Verhandlungen wurde im April 1871 der Umbau des Bahnhofs Berlin beschlossen.

## Umbau des Bahnhofs

Mit den Jahren wurde die Gegend um den Anhalter Bahnhof, namentlich die Fläche an der Möckern- und Schöneberger Straße diesseits des Kanals bebaut. Gleichzeitig vergrößerte sich der Bahnhof, dem wachsenden Verkehr entsprechend, so erheblich, dass derselbe nach Vollendung des Landwehrkanals bereits die zwischen dem Askanischen Platz und dem Landwehrkanal einerseits, der Möckern- und Schöneberger Straße andererseits liegenden Grundstücke in Anspruch nahm *(Abb. 5)*. Zur Erweiterung des Bahnhofs mussten daher vorerst die jenseits des Landwehrkanals erworbenen Flächen benutzt, und zwar der Rohprodukten-Verkehr auf dieselben verlegt werden. Die Verbindung der beiden Ufer des Landwehrkanals erfolgte durch die bereits erwähnte Drehbrücke; die Uferstraßen wurden in Schienenhöhe geschnitten. Inzwischen entwickelte sich auf dem jenseitigen, dem Tempelhofer Ufer bereits ein großer Verkehr, so dass die durch das fortwährende Rangieren der Züge von einer Uferseite auf die andere bedingten Straßensperrungen sowohl für den Eisenbahnbetrieb, wie auch für den Straßenverkehr mit großen Missständen verbunden waren, die nur durch eine Höherlegung der ganzen Bahnhofs-Anlagen gründlich beseitigt werden konnten.

Die dem allmählich anwachsenden Verkehr eben angepassten und daher stückweisen Erweiterungen des Bahnhofs führten schließlich zu einer wenig zweckmäßigen Zusammenstellung von Gebäuden und Gleisen, die sich nur durch einen vollständigen Umbau in eine, den gegenwärtigen Betriebsverhältnissen entsprechende Gesamtanlage umwandeln ließen. Diese Gründe veranlassten den Umbau der gesamten Bahnhofs-Anlagen, dessen Durchführung folgende Teile umfasst:

1. Die Anlage eines einstweiligen Personen-Bahnhofs für die Zeit des Umbaus;
2. den Personen-Bahnhof;
3. den Güter-Bahnhof;
4. den Werkstätten-Bahnhof;
5. den Rangier-Bahnhof;
6. die Lokomotiv-Schuppen.

Für den einstweiligen Personen-Bahnhof wurde der Eingang von der Trebbiner Straße aus, jenseits des Kanals gewählt *(Abb. 7)*. Die Entfernung desselben von der Stadt, gegenüber der früheren Lage am Askanischen Platz, war nicht erheblich größer. Ferner entschied man sich, den alten, zwischen Kanal und Königgrätzer Straße[1] gelegenen Bahnhof lediglich für den neuen Personen-Bahnhof in Anspruch zu nehmen.

Für den Güter-Bahnhof, als den für das verkehrstreibende Publikum nächst dem Personen-Bahnhof wichtigsten Teil, wurde bestimmt, dass derselbe gleich jenseits des Kanals beginnen sollte, wo die dazu erforderliche Fläche bereits erworben war.

Der Grund und Boden für den Werkstätten- und Rangier-Bahnhof war schwierig zu beschaffen, weil die Berlin-Dresdener Bahn zu Anfang der 1870er Jahre ihre Bahnhofs-Anlagen rechts von der Anhalter zwischen diese und die Potsdamer Bahn eingeschoben hatte. Es befand sich nunmehr die Berlin-Anhaltische Bahn zwischen dem Schifffahrts-Kanal und der Kreuzung mit der Verbindungsbahn auf beiden Seiten von Grundstücken umgeben, welche nicht mehr käuflich waren. So blieb nur übrig, die Fläche für die letzt bezeichneten Bahnhöfe erst jenseits der Verbindungsbahn zu suchen. War

1) heute Stresemannstraße.

die Entfernung vom Personen-Bahnhof auch nicht gering (etwa 3,5 km), so fiel dieselbe, da es sich um die Anlage von Betriebsbahnhöfen handelte, doch nicht schwer ins Gewicht, zumal der Boden selbst ungleich billiger zu haben war als in der Stadt.

Der Werkstätten-Bahnhof hat daher dicht hinter der Verbindungsbahn seinen Platz gefunden. Auf diesen sollte der Rangier-Bahnhof folgen. Seine Ausdehnung war bis zur Kreuzung der Anhalter mit der Dresdener Bahn bei ›Südende‹ geplant; bis jetzt hat man denselben aber nicht zum völligen Ausbau gebracht, worauf später noch zurückzukommen ist.

Der Umbau der Bahnhofs-Anlagen entwickelte sich sodann in folgender Weise: Bereits im Herbst 1872 hatte man mit der Anschüttung des Planums für den neuen Güter-Bahnhof den Anfang gemacht und die Arbeiten im folgenden Jahr derart gefördert, dass die neuen Produkten-Ladeplätze bereits fertiggestellt und in Betrieb genommen werden konnten. Auch wurde der ebenfalls schon früher begonnene Bau der Kolonnenbrücke vollendet, mit den Gründungsarbeiten der Yorkstraßen-Unterführung begonnen und die Bauarbeiten für das einstweilige Empfangsgebäude in Angriff genommen, da es vor allem darauf ankam, dieses dem Betrieb übergeben zu können, um so den alten Bahnhof zum Abbruche freizuhaben. Die Arbeiten sind denn auch derartig geführt, dass die Inbetriebnahme des einstweiligen Personen-Bahnhofs bereits im Herbst 1874 erfolgen konnte.

Hiermit Hand in Hand schritten die Bauten am neuen Güter-Bahnhof vorwärts. Die Yorkstraßen-Unterführung, sowie der Bau der hölzernen Monu-

mentenbrücke wurden vollendet, die umfangreichen Arbeiten für die Anlage der Schuppen zur Aufnahme der Personenzug-Lokomotiven im Rohbau beendet; gleichzeitig wurde mit dem Bau des Empfangs- und Versand-Güterschuppens begonnen und derselbe derart gefördert, dass man die Anlagen im Frühjahr 1876 in Benutzung nehmen konnte, wodurch wiederum ein Teil des alten Bahnhofs zum Abbruch frei wurde.

Im Jahr 1875 begann man ferner mit den Erdarbeiten für den neuen Werkstätten- und Rangier-Bahnhof, um die dort in erheblicher Menge verfügbar werdenden Bodenmassen zur weiteren Anschüttung des Güter-Bahnhofs verwenden zu können.

Im folgenden Jahr 1876 wurde mit den Bauausführungen auf dem Werkstätten-Bahnhof angefangen, und zwar zunächst mit der Wagen-Werkstätte und der Lackiererei, im folgenden Jahr mit dem Verwaltungsgebäude und der Lokomotiv-Werkstätte. Im Hochsommer 1878 konnte man die Wagen-Werkstätten und den größeren Teil der zugehörigen Verwaltung nach Tempelhof verlegen und die hierdurch entbehrlich gewordenen Baulichkeiten, so weit wie nötig, ebenfalls abbrechen. Die Lokomotiv-Werkstätte wurde dagegen erst im Frühjahr 1879 in Betrieb genommen.

Inzwischen schritt der Bau des neuen Empfangs-Gebäudes rüstig voran. Nach dem Abbruch des alten Stations-Gebäudes waren noch im Herbste des Jahres 1876 die Grundmauern gelegt, und im Jahr 1878 war der Bau so weit vorgeschritten, dass im Herbst die Halle aufgestellt werden konnte.

1878 wurde ferner der an der Kolonnenbrücke im Jahr 1876 begonnene Lokomotiv-Schuppen für Güterzug-Lokomotiven dem Betrieb übergeben.

Der im Jahr 1877 in Angriff genommene Bau der Überbrückungen des Landwehrkanals und der angrenzenden Uferstraßen wurde im Jahr 1879 beendet. Gleichzeitig erfolgten die Schüttungen für den Innenbahnhof, die Herstellung eines Zollschuppens, die Inbetriebnahme des Hebewerks auf dem Innenbahnhof usw.

Endlich am 16. Juni 1880 wurde das ganze großartige Werk, an dessen Vollendung man 7 Jahre gearbeitet hatte, durch die Eröffnung des Personen-Bahnhofs zum würdigen Abschluss gebracht.

### Der einstweilige Personen-Bahnhof

Die während des Umbaus benutzte Hilfsanlage für den Personen-Verkehr ist *Abb. 8 u. 9* zur Darstellung gebracht; sie zeigt eine sehr einfache und klare Gleisanordnung. Während der 5 Jahre ihrer Benutzung (von 1874 bis 1880) ist daselbst der gesamte bedeutende Personenverkehr der Anhaltischen Bahn vollkommen befriedigend abgefertigt.

Das Stationsgebäude zeigt eine langgestreckte Form. Ankunfts- und Abfahrtsperron sind erheblich gegeneinander verschoben, so dass eine störende Begegnung zwischen dem ankommenden und abfahrenden Publikum nicht stattfinden konnte.

Die auf dem Hauptgleis II angekommenen Züge wurden durch die Zuglokomotive nach ihrer Entleerung mittels der Weichenstraße 4–6 in ein Aufstellungsgleis für Personenwagen gedrückt, bzw. durch eine Rangierlokomotive dorthin gezogen; die Zuglokomotive gelangte durch das Gleis 3 mit Hilfe der Weiche 15 in das zum Schuppen führende Gleis. Aus der Zeichnung ist leicht ersichtlich, dass die abfahrenden Züge ebenfalls in einfachster Weise abgefertigt, und sowohl von den Rampen

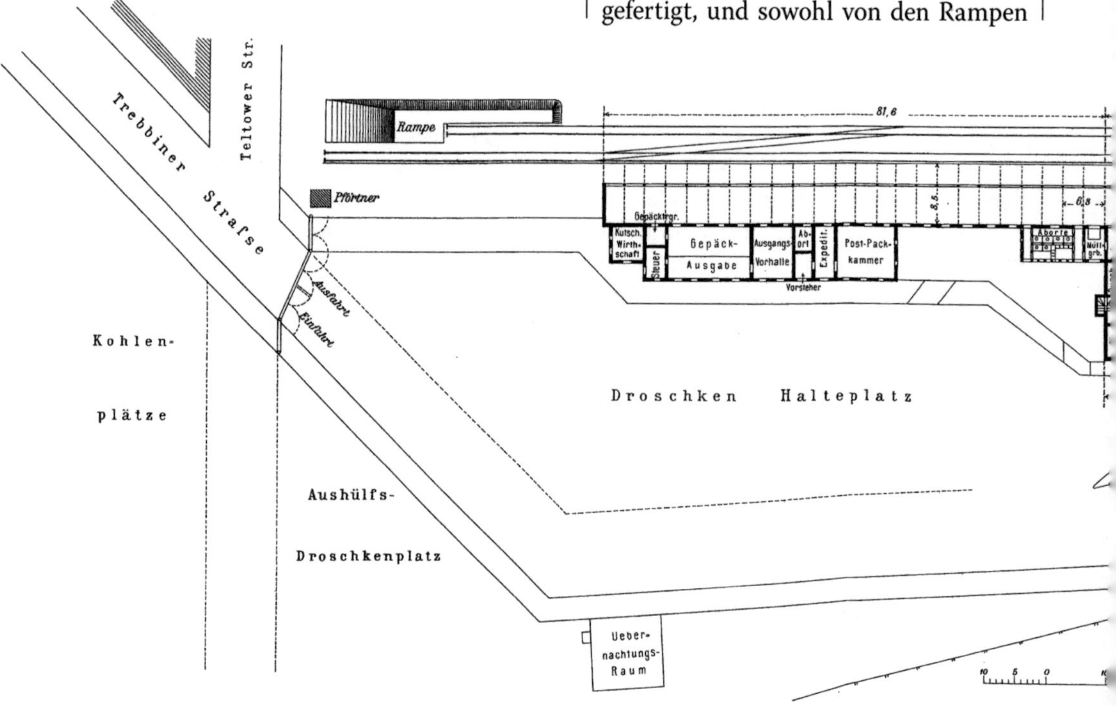

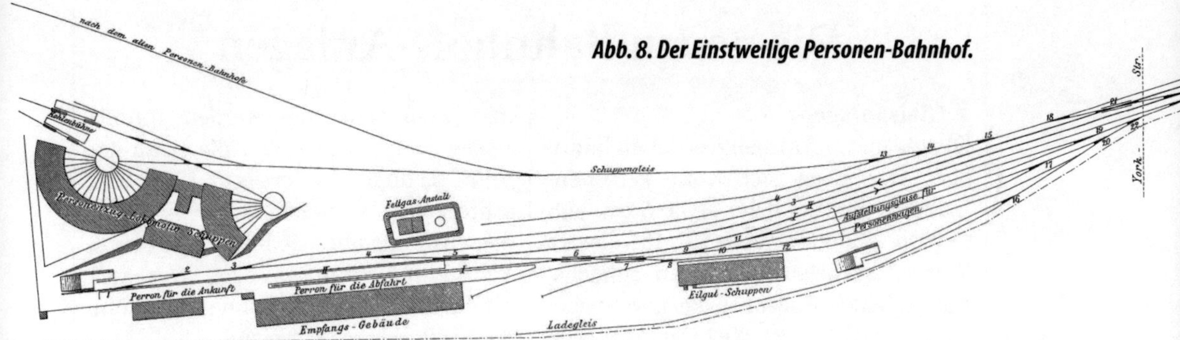



**Abb. 8. Der Einstweilige Personen-Bahnhof.**

wie vom Eilgutschuppen aus Wagen unbehindert an die Züge (und umgekehrt) geschafft werden konnten.

Das einstweilige Empfangsgebäude enthielt in der Mitte eine hohe und geräumige Vorhalle; geradeaus lagen die Fahrkartenschalter, rechts die Gepäckräume, welchen sich die verschiedenen Betriebsräume für Stationsvorstand, Telegrafie, Post usw. anschlossen. Von der Vorhalle aus war ein unmittelbarer Zugang nach dem Perron vorgesehen.

Links befanden sich die Wartesäle nebst Zubehör und Aborten. Den äußersten linken Flügel bildeten die Zimmer für den kaiserlichen Hof.

Sehr einfach waren die Anlagen für die Ankunft gehalten. Dieselben beschränkten sich auf eine innere Vorhalle, eine Gepäckausgabe und einige Diensträume.

Das Gebäude war aus Fachwerk aufgebaut, und die Perrons waren durch niedrige Holzdächer überdeckt.

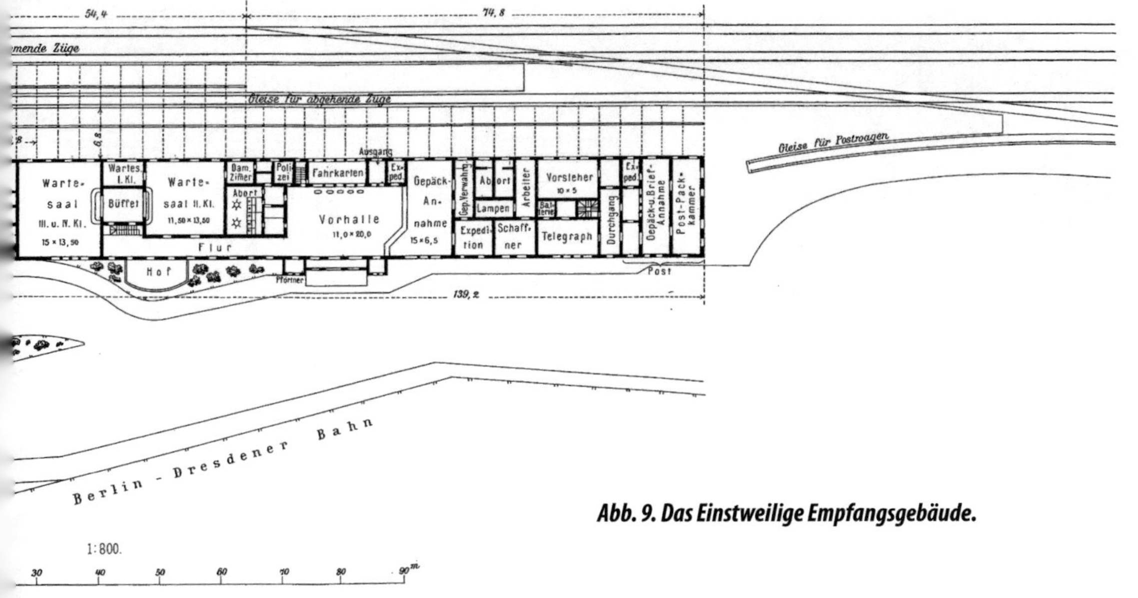



**Abb. 9. Das Einstweilige Empfangsgebäude.**

# Die neuen Bahnhofs-Anlagen

### 1. Gleisanlagen.

Die gesamten Anlagen des neuen Bahnhofs erstrecken sich vom Personen-
Bahnhof bis zu dem etwa 5 km entfernten ›Südende‹ *(Abb. 7)*. Auf diesem
Weg überschreitet die Bahn zunächst
mittels einer Bogenbrücke und zweier
kontinuierlichen Parallelträger-Brücken
den Landwehrkanal und die Straßen am
Halleschen und Tempelhofer Ufer. Die
Höherlegung der Bahn an dieser Stelle
beträgt rund 4,0 m. Im weiteren Ver-
lauf wird die Yorkstraße durch Unterführung gekreuzt. Die dann folgenden
Straßen, nämlich die Monumenten-

und Kolonnenstraße werden mittels
zweier Holzbrücken über die Bahn geführt, da diese hier bereits stark im Ein-
schnitt liegt, in welchem sie bis hinter
die, ebenfalls über sie hinweg geführte,
Verbindungsbahn verbleibt. Von dort
bis ›Südende‹ liegt die Bahn in der Höhe
des umliegenden Erdreichs.

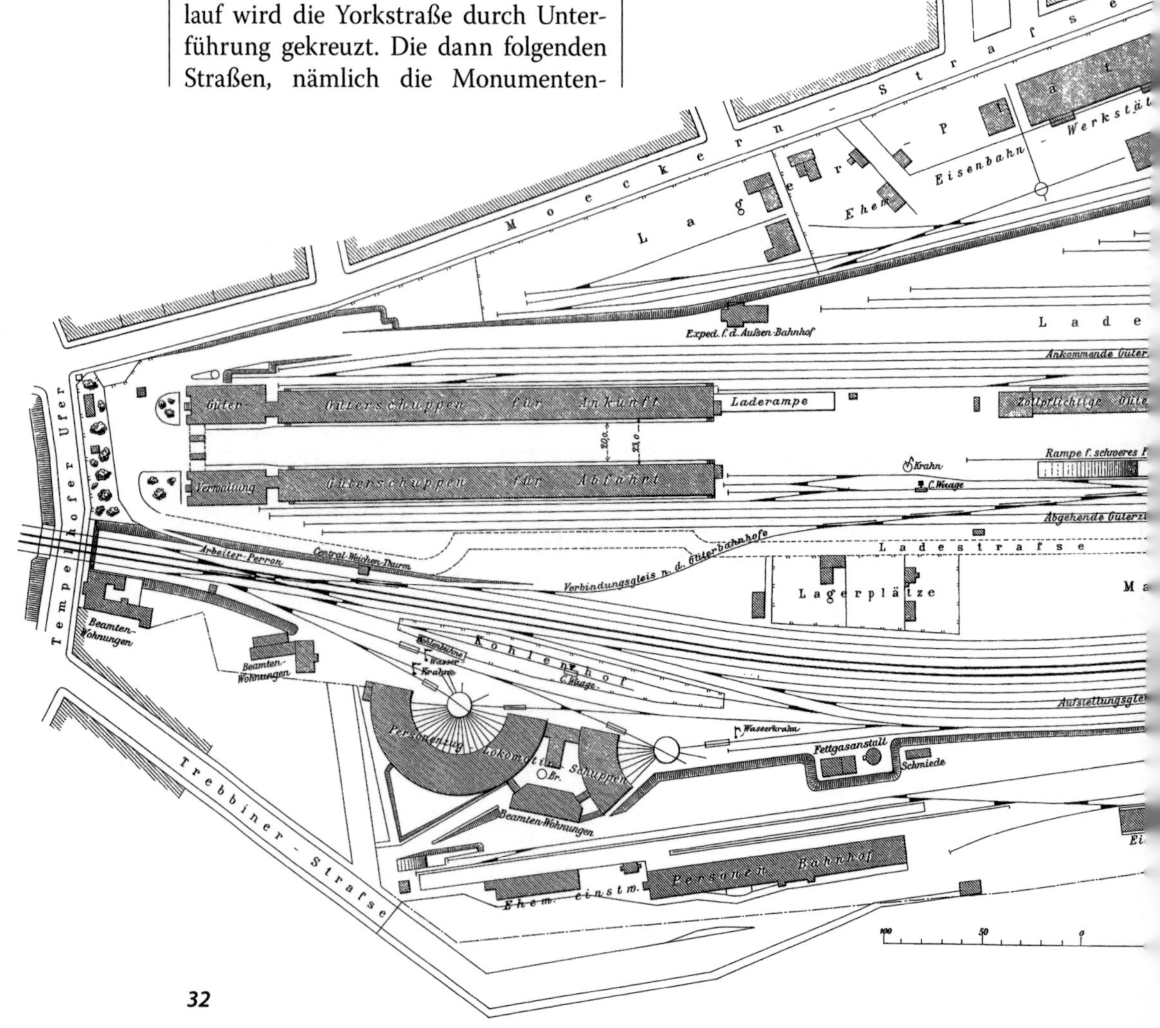

**a. Der neue Personen-Bahnhof,** welcher bekanntlich der Hauptsache nach auf dem Boden des alten Bahnhofs erbaut worden, ist in *Abb. 6* zur Darstellung gebracht.

Die große Halle, auf welche wir später noch ausführlich zurückkommen werden, hat eine Länge von rund 170 m und eine Spannweite von 60 m. In dieselbe führen in drei Gruppen $3 + 3 + 2 = 8$ Gleise. Vor dem südlichen Kopf der Halle befindet sich eine Fußgänger-Unterführung (die indessen dem Verkehr noch nicht übergeben ist) zur Verbindung der Halleschen Straße mit dem Hafenplatz.

Die Anordnung und Benutzung der Gleise auf dem Personen-Bahnhof ist in der Hauptsache folgende: Die beiden Hauptgleise verzweigen sich diesseits der Brücke in verschiedene Gleise, welche teils zu den einzelnen Perrons, Rampen usw. führen, teils als Aufstellungsgleise für Personenwagen dienen. Zu jeder Seite der Hauptgleise liegt ein Ausziehgleis. Jenseits des Kanals

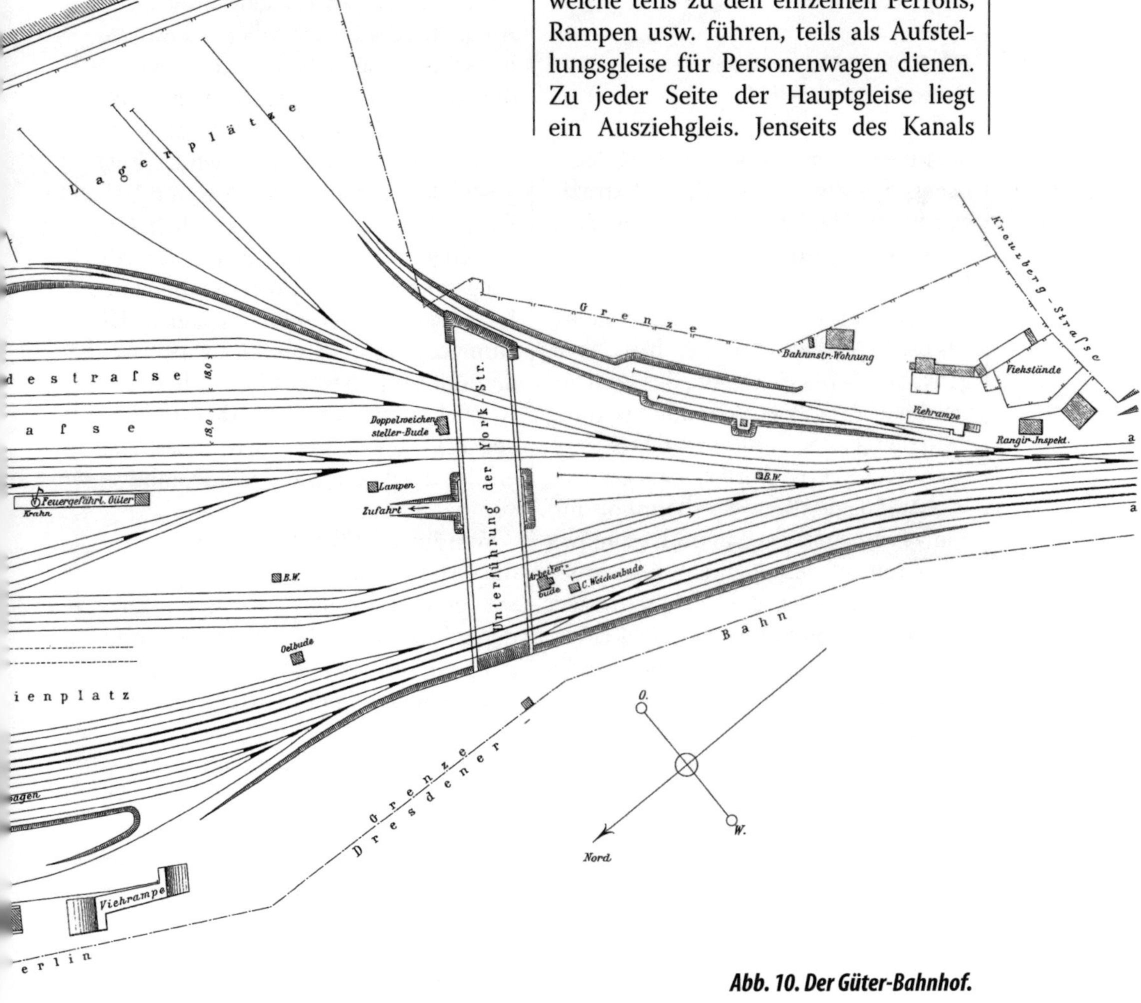



**Abb. 10. Der Güter-Bahnhof.**

*(Abb. 10)* ist in diese vier parallelen Gleise ein Weichenkreuz eingelegt, *(wie Abb. 11 verdeutlicht)* wodurch eine allseitige bequeme Verbindung zwischen Abfahrts- und Ankunftsseite ermöglicht wird. Die in den Hauptgleisen

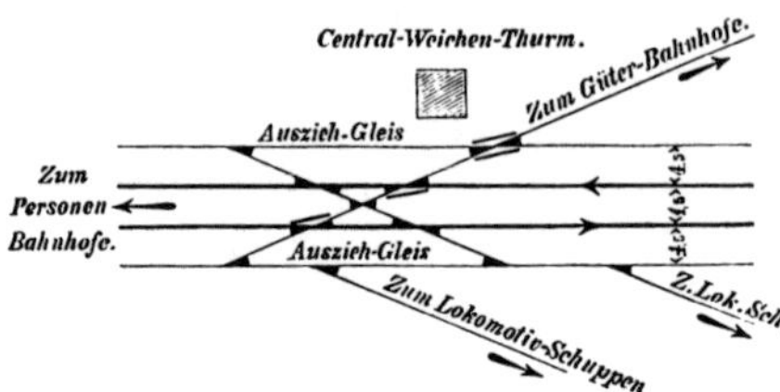


**Abb. 11. Haupt-Weichenanlage für den Personenbahnhof.**

liegenden halben englischen Weichen haben den Zweck, kaiserliche Extrazüge an dem Abfahrtsperron, an welchem die Kaiser-Zimmer liegen, vorfahren zu lassen. Diese Weichen werden für gewöhnlich unter Verschluss gehalten. An das östliche (obere) Auszieh- bzw. Übergangsgleis schließt jenseits des Zentralweichenturms der Verbindungsstrang nach dem Güter-Bahnhof an. Das westliche (untere) vermittelt dagegen die Verbindung des Personen-Bahnhofs mit den Personenzug-Lokomotivschuppen sowie mit der ausgedehnten Gleisgruppe zum Aufstellen der Personenwagen; letztere Gruppe hat einen bedeutenden Umfang erhalten, da die Bahn, welche im Sommer sowohl einen erheblichen Personenverkehr zu bewältigen hat, wie auch eine große Anzahl Extrazüge befördert, einen bedeutenden Park von Personenwagen besitzt.

Der Betrieb regelt sich nun im Allgemeinen folgendermaßen:

Die ankommenden Züge fahren in dem Gleise I vor. Zwischen den Gleisen I und III ist ein kurzer Gepäckperron angeordnet, nach welchem die vorn im Zug befindlichen Gepäckwagen rasch entla-

den werden können. Der entleerte Zug wird alsdann von der Rangier-Lokomotive sofort in das östliche (obere) Ausziehgleis gezogen und von dort durch die oben besprochene Weichenstraße in die westliche Gleisgruppe befördert, worauf die Zuglokomotive durch die entsprechenden Weichen in den Schuppen gehen kann; oder er wird in eines der auf dem Innenbahnhof vorgesehenen Wagengleise geschoben. Die Gleise II und III dienen für gewöhnlich zum Aufstellen der besseren Personenwagen, da ein besonderer Wagenschuppen, wie dies ja neuerdings auch allgemein üblich, nicht vorgesehen worden ist.

Die Abfertigung der abgehenden Züge geschieht auf den Gleisen VII und VIII. Da die Gepäckwagen bekanntlich vorn im Zuge stehen, musste auf der Abgangsseite der Gepäckperron die ganze Länge der übrigen Perrons haben. Die zum Abgang bestimmten Wagen werden mit Hilfe des westlichen (unteren) Ausziehgleises in die Abfahrtsgleise gedrückt, und durch eben dieses Gleis erfolgt das Vorsetzen der Lokomotiven vor die Züge.

Vom linken Mittelperron aus werden die Ortszüge nach Lichterfelde abgelassen; es sind dies nur ganz kurze Züge, deren Zusammenstellung auf den mittleren Gleisen ohne Kreuzung und zeitweilige Sperrung der Hauptgleise erfolgen kann.

Rampen zum Verladen von Vieh und Fuhrwerken sind sowohl auf der Ankunfts-, wie Abfahrtsseite angeordnet. Auf der Abgangsseite sind außerdem noch für die Bedürfnisse der Post ein kurzer Gepäckperron, sowie ein stumpfes Gleis zum Beladen der Postwagen vorgesehen.

Der in der Höhe der angrenzenden Straßen liegende, ehemalige Werkstätten-Bahnhof ist zu Speichern und Lagerplätzen vermietet. Die hier befindlichen Gleise, von denen eins nach dem Hafen an der Schöneberger Straße verlängert ist, sind mit den hochliegenden Betriebsgleisen durch ein Wasserdruck-Hebewerk für Güterwagen verbunden, dessen Beschreibung später folgen wird.

Bei dem lebhaften Verkehr, welcher zwischen der Anhalter Bahn und dem Landwehrkanal stattfindet, hat man bereits daran gedacht, auf der noch verfügbaren Bahnfläche einen kleinen Hafen für die eigenen Zwecke zu erbauen; indessen ist diese Angelegenheit noch nicht über das Projekt hinaus gekommen.

Die bereits oben erwähnte große Gleisgruppe zum Aufstellen der Personenwagen liegt jenseits des Kanals und schließt beiderseits an das westliche Ausziehgleis an *(Abb. 10)*. Zwischen diesen Gleisen sind Wasserpfosten für das zum Reinigen der Wagen notwendige Wasser angebracht, und außerdem drei Pfosten, welche in Verbindung mit der Fettgas-Anstalt der Bahn stehen und mittels deren die Wagen mit Leuchtgas versehen werden.

Da das oben besprochene Weichenkreuz für die Sicherheit des Betriebs von größter Bedeutung ist, so sind die dasselbe bildenden Weichen, sowie das zugehörige Ein- und Ausfahrtssignal in einer zentralisierten Weichen- und Signalvorrichtung vereinigt. Der zugehörige Weichenturm ist in *Abb. 12* zur Darstellung gebracht.

Auf einem massiven Unterbau von 4 m Höhe ist die eigentliche Signalstube in Fachwerksbau errichtet. Angeschlossen sind zwei Signale und vier Weichen; außerdem sind noch einige Hebel für etwaige Erweiterung vorgesehen.

Das östliche Ausziehgleis bildet in seiner weiteren Fortsetzung die Verbindung zwischen dem Bahnhof Berlin und dem Werkstätten-Bahnhof bei Tempelhof. In Folge dessen dient dasselbe zwischen der Brücke und dem Weichenturm gleichzeitig für die zweimal täglich in jeder Richtung fahrenden Arbeiterzüge als Ankunfts- und Abfahrtsgleis. Zu dem Zweck ist hier ein niedriger Perron vorgesehen *(Abb. 10)*.

Hinter dem Weichenturm zweigt dasjenige Gleis ab, welches die kürzeste Verbindung zwischen dem Güter-Bahnhof und dem Personen-Bahnhof herstellt. Indessen ist auch jenseits der Yorkstraßen-Unterführung durch Einlegung der entsprechenden Weichen für eine Verbindung zwischen den Zugordnungsgleisen des Güter-Bahnhofs einerseits, und dem Personen-Bahnhof sowie der Lokomotivschuppen-Anlage andererseits gesorgt. Auch hier ist eine kleine Zentral-Weichenvorrichtung zur Sicherung der Hauptgleise aufgestellt.

Es ist hieraus ersichtlich, dass man eine reichliche und bequeme Verbindung zwischen dem Personen- und dem Güter-Bahnhof vorgesehen hat, um Güterwagen zu den gemischten Zügen sowie zum Hebewerke – und umgekehrt – überführen zu können.

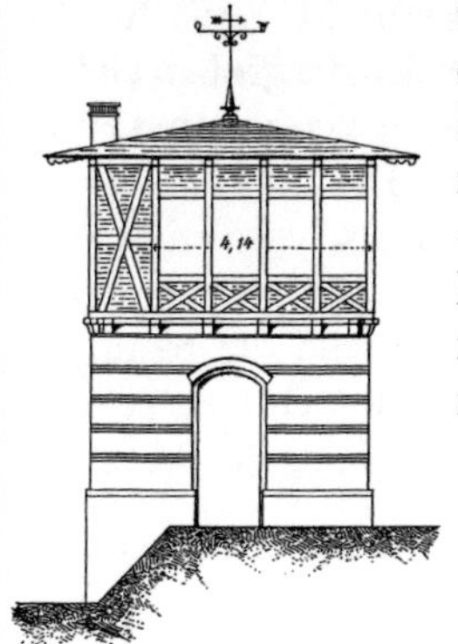


**Abb. 12. Zentral-Weichenturm an der Kanalbrücke.**

Westlich von den Hauptgleisen liegen die Lokomotiv-Schuppen nebst einem größeren Kohlenhof *(Abb. 10)*. Die Anlage ist derart projektiert, dass zwischen zwei großen halbkreisförmigen Schuppen, von denen indessen vorläufig nur der eine bereits ganz ausgebaut ist, die zugehörigen Verwaltungsgebäude nebst der Wasserstation Platz gefunden haben. Vor dem Schuppen liegt der Kohlenhof *(Abb. 13).* Es sind genügend Weichen und Gleise vorhanden, um eine allseitige bequeme Verbindung der Schuppen mit dem Personen- und Güter-Bahnhof zu sichern.

sind, eine Anordnung, wie sie die neueren Berliner Bahnhöfe mehrfach zeigen. Der Kopf der Anlage wird durch die Verwaltungsgebäude gebildet, welche durch einen Mittelbau organisch miteinander

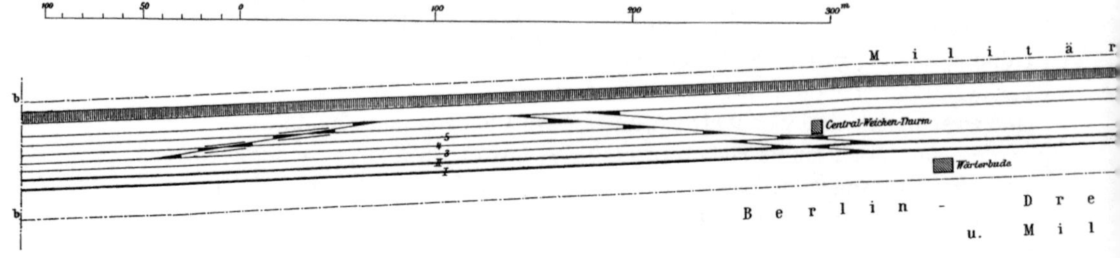



**Abb. 13. Kohlenhof und Güterzug-Lokomotivschuppen.**

**b. Der Güter-Bahnhof.** Der Zugang zu der, höher als die anschließenden Straßen liegenden Fläche des Bahnhofs erfolgt durch Rampen, von der Möckernstraße aus *(Abb. 10).* Zunächst der Einfahrt erheben sich die großen Güterschuppen, welche für Versand und Empfang getrennt sind. Die Gebäude sind so angeordnet, dass zwischen den Schuppen die Zufahrtstraße für das Landfuhrwerk liegt, während die Bahngleise an den Außenseiten entlang geführt

verbunden sind. Weiter nach rückwärts sind der Zollschuppen, zwei Ladeperrons, eine größere Rampe, ein Kran sowie eine Brückenwaage angeordnet.

Wie aus der Zeichnung ersichtlich, haben die Aufstellungsgleise an den Seiten der Schuppen eine solch beträchtliche Länge erhalten, dass es möglich ist, in ihnen ganze Züge zu bilden.

Nach Osten ist, bis an die Möckernstraße, der eigentliche Produkten-Bahnhof mit den nötigen Freiladegleisen und den zugehörigen Zufahrtsstraßen erbaut.

Auch längs der Möckernstraße sind die ehemaligen Werkstätten zu Kornspeichern umgebaut, die zugehörigen freien Flächen zu Lagerplätzen eingerichtet, so dass im Ganzen etwa 50 000 m² zum Vermieten vorhanden sind. Weitere Lagerplätze befinden sich zwischen der Gleisgruppe für abfahrende Güterzüge und den Hauptgleisen. Endlich sind auch die Räumlichkeiten des einstweiligen Empfangsgebäudes und des Eilgutschuppens zu Speichern und Lagern umgebaut.

Zur Verbindung der Betriebsgleise mit den Lagerplätzen sind durchweg Weichen verwandt; Drehscheiben-Verbindungen nach Art des von der links-rheinischen Bahn ausgebildeten Systems kommen hier überhaupt nicht vor.

Es ist ersichtlich, dass der Güter-Bahnhof bis zur Yorkstraße noch sehr erweiterungsfähig und im Stande ist, einen bei weitem lebhafteren Verkehr, als bis jetzt, mit Leichtigkeit zu bewältigen.

Der gesamte Güter-Bahnhof liegt bis zur Yorkstraßen-Unterführung im Auftrage. Die Entwässerung des Bodens erfolgt unterirdisch nach dem Landwehrkanal hin.

Wenn erst die Yorkstraße von der Möckernstraße aus bis zur Bülowstraße unter den drei Bahnen: Anhalter, Dresdener und Potsdamer Bahn, hindurch geführt sein wird – es fehlt nur noch die Untertunnelung der Gleise der Potsdamer Bahn – so ist auch von dieser Straße aus eine Zufahrt zum Güter-Bahnhof in Aussicht genommen.

Von der Ausführung des geplanten Rangier-Bahnhofs bei Station ›Südende‹ hat man bis jetzt Abstand genommen, da nach dem erheblichen Rückgang des Verkehrs seit der Mitte der 1870er Jahre die auf dem Güter-Bahnhof vorhandenen Gleise zur Bewältigung des Rangierdienstes vollständig ausreichen. Zwischen den Überführungen der Monumenten- und Kolonnenstraße liegen neben den Hauptgleisen noch fünf andere Gleise, von denen Nr. 3 das Abfahrtsgleis für Güterzüge, Nr. 4 u. 5 Ankunftsgleise für Güterzüge, Nr. 6 das zugehörige Ausziehgleis für das Teilen der angekommenen Züge und Nr. 7 ein Durchgangsgleis bilden.

Ankommende und abgehende Güterzüge können vollständig unabhängig voneinander geordnet werden; gerade hierdurch ist die Leistungsfähigkeit der Anlage eine so bedeutende. Von einer sog. Rangier-Inspektion aus (am rechtsseitigen Rand von *Abb. 10* gezeichnet) werden die Rangierbewegungen mit

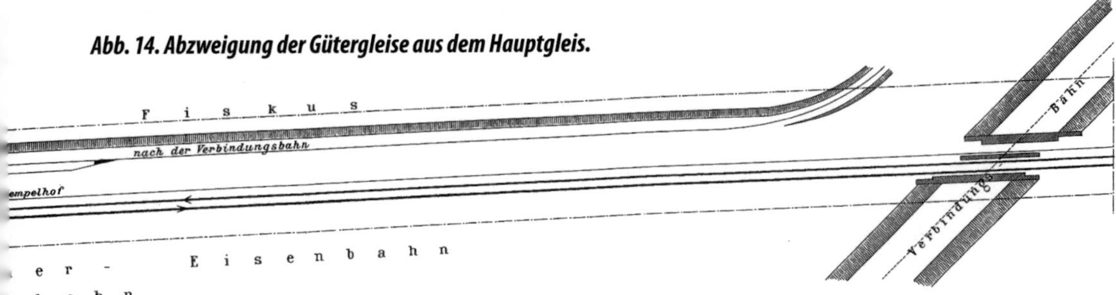

**Abb. 14. Abzweigung der Gütergleise aus dem Hauptgleis.**

den Güterzügen, also das Teilen bzw. Zusammensetzen derselben geleitet. (In nächster Nähe des Gebäudes sind auch Vorkehrungen zum Desinfizieren der Viehwagen getroffen.)

Zwischen der Monumenten- und der Kolonnenbrücke ist eine weitere größere Lokomotivschuppen-Anlage geschaffen, welche dazu dienen soll, lediglich die Güterzug-Lokomotiven aufzunehmen. Vorläufig stehen daselbst indessen hauptsächlich Aushilfs-Lokomotiven, während die Güterzug-Lokomotiven in denselben Schuppen mit den Personenzug-Lokomotiven untergebracht sind.

Die Abzweigung der Gütergleise aus dem Hauptgleis liegt südlich von der Kolonnenbrücke *(Abb. 14)*. Dieselbe ist durch eine zentrale Weichen- und Signalstellung gesichert. Das neben den Hauptgleisen liegende dritte Gleis dient zur Verbindung mit dem Werkstätten-Bahnhof Tempelhof.

Schließlich sei noch auf den Güterverkehr der Anhalter Bahn mit der Verbindungsbahn hingewiesen: Ursprünglich erfolgte der Übergang der zur Übergabe an diese Bahn bestimmten Güterwagen mittels eines Verbindungsgleises, welches noch diesseits der Verbindungsbahn nach dem Bahnhof Tempelhof dieser letzteren Bahn abzweigte *(Abb. 7)*.

Wie indessen wiederholt hervorgehoben worden ist, hatte man beim Beginn des Bahnhofsumbaus in Aussicht genommen, einen besonderen Rangier-Bahnhof jenseits der Verbindungsbahn anzulegen, um den Betrieb alsdann derart zu gestalten, dass die von außerhalb anlangenden Züge dort getrennt, und nur diejenigen Wagen durch besondere Lokomotiven nach Berlin hineingebracht würden, welche für den Güter-Bahnhof, das Hebewerk und die Schuppenanlagen bestimmt wären. Alle Übergangswagen dagegen, welche für die übrigen in Berlin einmündenden Bahnen bestimmt waren, sollten durch das neue, südlich von der Verbindungsbahn gelegene Anschlussgleis, ohne den Innen-Bahnhof zu berühren, nach dem Bahnhof Tempelhof der Verbindungsbahn übergeführt werden, – und umgekehrt.

Inzwischen wurde zwar der Rangier-Bahnhof – als vorläufig überflüssig – nicht ausgebaut, dagegen der Bahnhof Tempelhof der Verbindungsbahn seitens dieser Verwaltung umgebaut; infolgedessen muss nunmehr der Übergang der Wagen in der Weise erfolgen, dass dieselben mit den anlangenden Güterzügen zunächst nach Berlin hineingebracht und nach der Aussonderung wieder bis Tempelhof zurückbefördert werden, um von dort durch den südlichen Anschluss auf die Verbindungsbahn überzugehen.

**c. Der Werkstätten-Bahnhof.** Hier verweisen wir auf die ausführliche Beschreibung des Bahnhofs ab Seite 83.

## 2. Die Baulichkeiten auf dem Bahnhof Berlin.

Indem wir uns nun zur Beschreibung der einzelnen, auf dem Bahnhof Berlin zur Ausführung gelangten Bauten wenden, verweisen wir zunächst auf den Beitrag ab Seite 61, hier also von demselben nur die Grundrissbildung mitgeteilt, sowie die Konstruktion des Hallendaches einer näheren Besprechung unterzogen werden soll.

**a. Grundrissanordnung des Empfangsgebäudes und Hallendach.** Die Grundrisse des Gebäudes zeigt *Abb. 15*, zu deren Erläuterung folgende kurze Bemerkungen dienen mögen: Von ei-

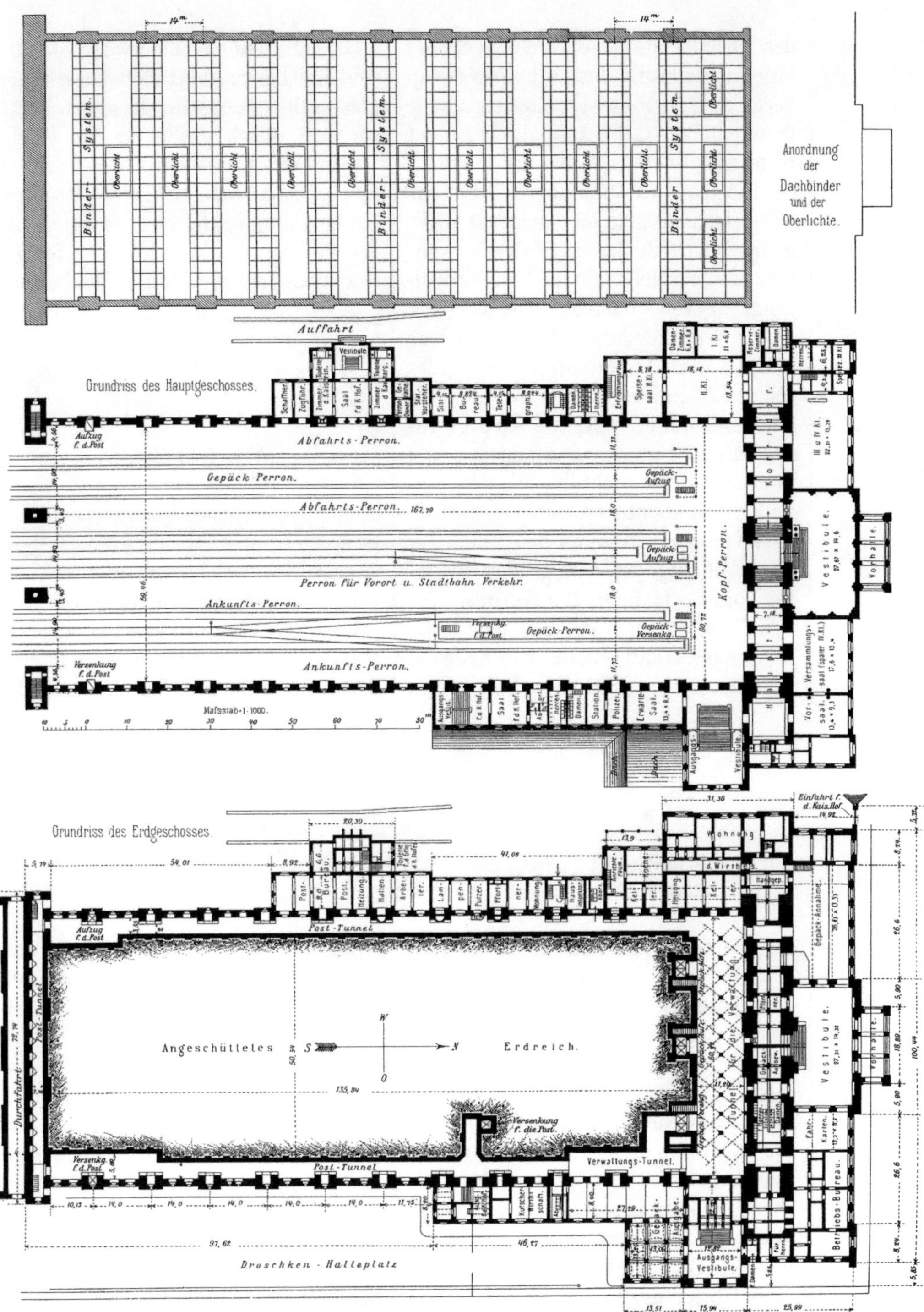

**Abb. 15. Empfangsgebäude des Anhalter Bahnhof zu Berlin.**

ner Vorhalle aus gelangt man zu ebener Erde in das große Vestibül; links davon liegen die Fahrkartenschalter, rechts die Räume für die Gepäckannahme. An der rechten Seite haben ferner der Wirt und der Pförtner ihre Wohnungen erhalten.

Desgleichen sind hier der Post nicht unerhebliche Räume zugewiesen, während der verbleibende Teil zu Verwaltungszwecken nutzbar gemacht ist. Durch verschiedene Tunnel, welche sich an den Umfassungswänden des Gebäudes entlang ziehen, werden die Postgegenstände und die Gepäckstücke zu den einzelnen Aufzügen, sowie in umgekehrter Richtung von den Versenkungen leicht und sicher befördert. Drei Treppen führen an den Seiten der Gepäckaufzüge von dem großen Tunnel vor Kopf der Halle zu den Perrons.

Auf der linken Seite liegt das große Ausgangsvestibül und ihm zur Seite die Gepäckausgabe. Hieran schließt sich

Die Halle hat eine Lichtweite von 60 m und eine Länge von etwa 168 m erhalten. Das nötige Licht wird derselben hauptsächlich durch große Fenster in den Längswänden zugeführt, welch letztere zu der bedeutenden Höhe von 19 m über Schienenoberkante hinaufreichen und für die daher sehr erheblichen Stärken notwendig wurden. Außerdem hat man

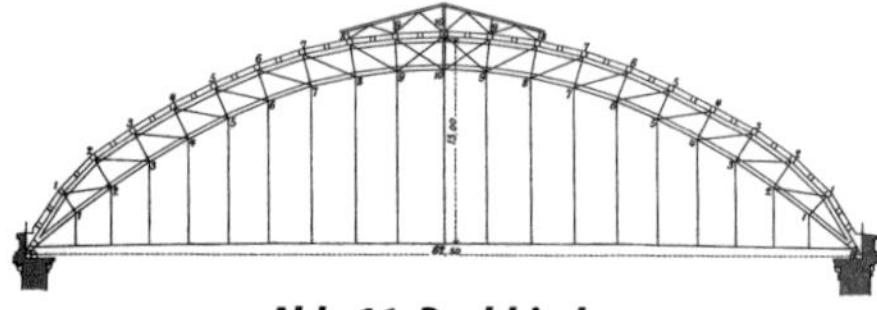

**Abb. 16. Dachbinder.**

noch 13 Oberlichte angebracht. In Entfernungen von 14 m sind Bindersysteme angeordnet, welche aus je zwei 3,5 m von einander entfernten, parabolisch gekrümmten Bogenträgern mit drei Gelenken bestehen und die Halle in einer Weite überspannen. Durch Quer- und

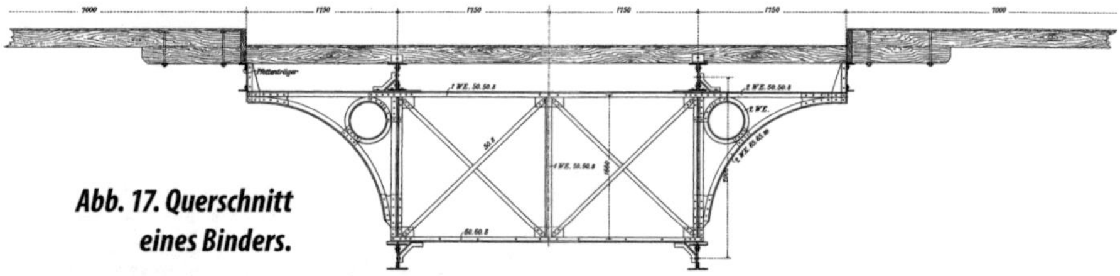

**Abb. 17. Querschnitt eines Binders.**

eine Wirtschaft für Droschkenkutscher. Für Aborte ist in dem ganzen Gebäude in auskömmlicher Weise gesorgt.

Vom Eingangsvestibül gelangt man über die große Freitreppe in das Hauptgeschoss, u. zw. rechts zu den Wartesälen und dem Abfahrtsperron. An die Wartesäle reihen sich die Betriebsräume und an diese die Räume für den kaiserlichen Hof; links liegen das Ausgangsvestibül, einige notwendige Betriebsräume sowie ein Ausgangsvestibül für den Hof. Alles Übrige dürfte aus der Zeichnung völlig verständlich werden.

Diagonal-Verbindungen sind je zwei Träger fest miteinander verbunden; der Horizontalschub wird durch Zugstangen aus Stahl aufgehoben.

Die Verteilung der Oberlichte und Binder ist aus *Abb. 15 oben* ersichtlich. *Abb. 16* zeigt die allgemeine Form eines solchen Dachbinders und *Abb. 17* den Querschnitt eines zusammengehörigen Systems, deren im Ganzen elf Stück vorhanden sind. Die Gurtungen der Bogen bestehen aus je zwei oberen und unteren Winkeleisen, welche durch Gitterwerk miteinander verbunden sind.

Jeder Bogenträger besteht aus 20 Feldern. Die einzelnen Knotenpunkte, welche einen Abstand von 3,5 m haben, liegen in zwei parallelen Parabeln mit einem Abstand der Schwerlinien ihrer Gurtungen von 2 m, In den beiden letzten Feldern aber hat die obere Gurtung eine stärkere Neigung, um sich am Auflager mit der unteren vereinigen zu können. Diese soeben besprochenen Binder haben, wie *Abb. 17* zeigt, nach jeder Seite hin konsolartige Ansätze von 1,75 m Länge erhalten, welche an ihren Enden Pfettenträger unterstützen. Über die obere Gurtung der Binder und über diese Pfettenträger sind dann Sattelhölzer ge-

*Abb. 18. Einzelheiten des Beweglichen Auflagers.*

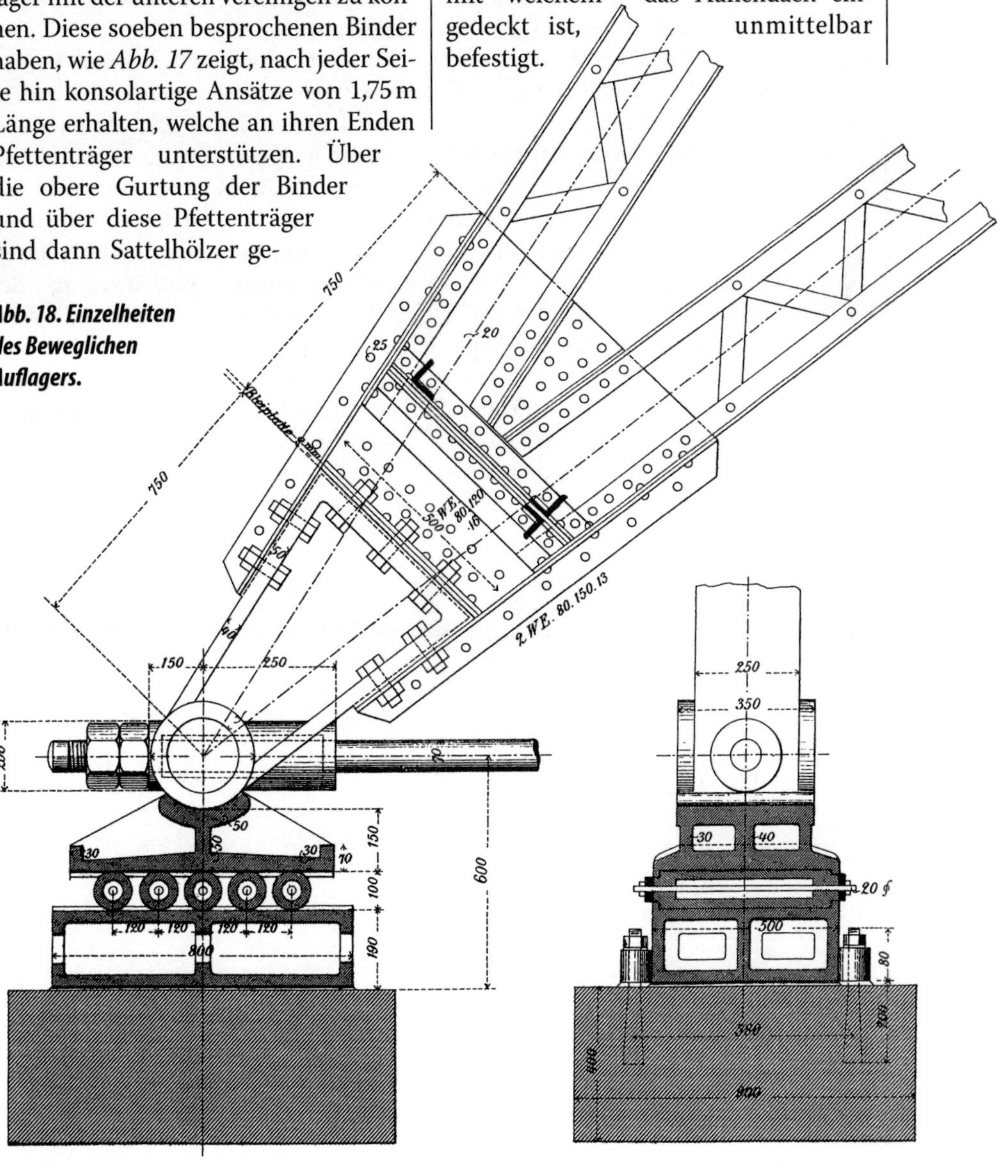

streckt, welche die Enden der Konsolen noch um 1 m überragen, so dass der zwischen zwei benachbarten Hölzern verbleibende Raum nur noch 5 m beträgt, welcher durch eine gewöhnliche Pfette überspannt werden konnte, wie aus *Abb. 17* ersichtlich wird. Auf den Pfetten hat man das verzinkte Wellblech, mit welchem das Hallendach eingedeckt ist, unmittelbar befestigt.

Das bewegliche Rollenauflager zeigt *Abb. 18*, sowie die Art und Weise, wie die stählerne Zugstange mit dem unteren Gussstück, in welchem sich die beiden Gurtungen vereinigen, so verbunden ist, dass die Schwerlinien der acht Gurtungen mit der Achse der Zugstange in einem Punkt zusammentreffen. Durch Hängestangen, welche von den Knotenpunkten der unteren Gurtung ausgehen, wird die Durchbiegung der Zugstange, welche aus einzelnen Stücken besteht, verhindert.

Die Pfeilhöhe der Bogenträger beträgt 15 m, die Spannweite von Mitte zu Mitte der Auflager 62,5 m. Die Auflager befinden sich in 19,2 m, die First in 34,25 m Höhe über den Schienen.

Über den fünf mittleren Knotenpunkten ist eine durchgehende Laterne angeordnet, die hauptsächlich der besseren Entwässerung wegen dem mittleren Teil aufgesetzt wurde. In dieser Laterne liegen die Oberlichte, und zwar je eins zwischen zwei Bindersystemen.

Die Anschlüsse der Eisenkonstruktion an die innere Hallenwand, wurden in der Weise gebildet, dass von dem letzten Bindersystem, welches an der Giebelwandseite keine ausgekragten Konsolansätze erhält, eiserne Längsträger nach der Mauer hin gestreckt sind, auf welche die zur Unterstützung der hölzernen Pfetten dienenden Pfettenträger ruhen.

Von der Anbringung eines letzten Bindersystems nach Art der übrigen in unmittelbarer Nähe der Giebelwand hat man hauptsächlich aus ästhetischen Gründen Abstand genommen und lieber die eben besprochene Anordnung gewählt, welche einer unbehinderten architektonischen Entwickelung der inneren Abschlusswand der Halle freien Spielraum ließ. *Abb. 19* verdeutlicht in der oberen Aufsicht die Lagerung der Pfetten im Anschluss an die innere nördliche Giebelwand.

**Abb. 19. Grundriss-Abwicklung.**

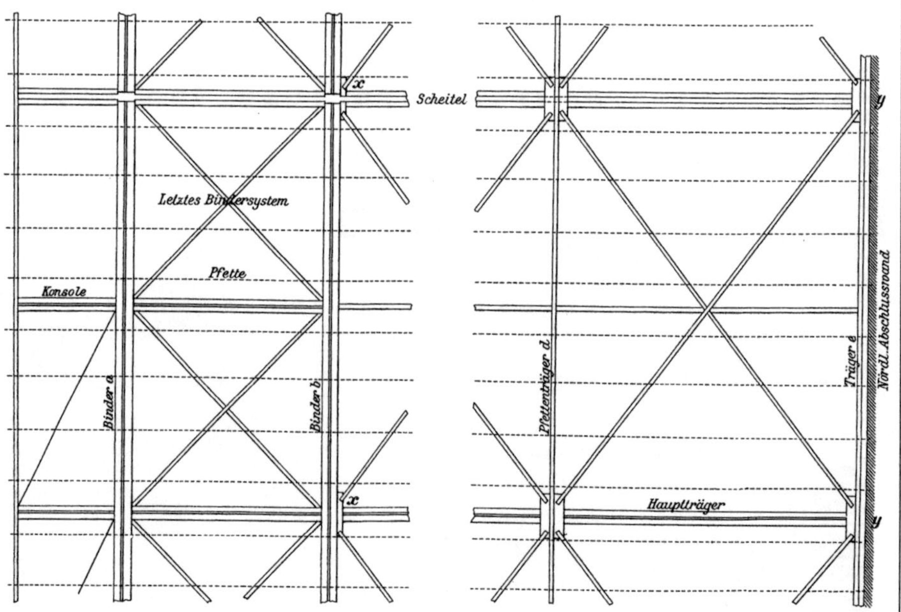

Bei der Berechnung des Hallendachs wurde für die Ermittlung der Lasten der Einfachheit wegen eine durchschnittliche Neigung des Dachs von 30° angenommen. Der Winddruck ist zu $40\,kg/m^2$, die Schneelast zu $50\,kg/m^2$ der Horizontal-Projektion gerechnet. Für das Eigengewicht sind in Rechnung gestellt: $46\,kg$ für die Eisenkonstruktion, $44\,kg$ für die Eindeckung, zusammen also $90\,kg$. Das Eigengewicht und die Schneelast sind als gleichmäßig verteilt, nur der Winddruck als veränderliche Last in Rechnung gestellt.

Die Spannungen sind nach der Methode der statischen Momente ermittelt; als zulässige Beanspruchung wurde für Schmiedeisen $800\,kg$, für Stahl $1400\,kg$ angenommen.

Das Gesamtgewicht der Konstruktion verteilt sich folgendermaßen:

I. Walzeisen.
1) 10 normale Binder. . . .312 100 kg
2) 1 Endbinder . . . . . . . 28 243 kg
3) die Anschlüsse an die
   Stirnwand . . . . . . . 27 220 kg
4) 9 normale Laternen über
   den Bindern . . . . . . 35 550 kg
5) 2 Laternen über den
   Endbindern . . . . . . . 6 040 kg
6) 10 Laternen zwischen
   den Bindern . . . . . . 31 700 kg
   Zusammen Walzeisen   440 853 kg
II. Gusseisen zu den Auflagern:
    Schuhe, Gleitplatten, Rollen,
    Gelenkplatten, Pendel . . 31 410 kg
III. Schmiedeisen zu den
     Schraubenbolzen . . . . . 6 220 kg
IV. Stahl zu den Zugstangen   46 065 kg
    Zusammen   524 548 kg
Bei einer Spannweite von 62,5 m und einer lichten Länge von rund 167,3 m überdeckt die Halle einen Flächenraum von rund $10\,500\,m^2$; mithin beträgt das Gewicht rund $50\,kg/m^2$ der Grundfläche.

Die Aufstellung dieses mächtigen Dachs ist folgendermaßen ausgeführt. Über der südlichen Hallenwand wurde ein festes Aufstellungsgerüst aus Holz errichtet, auf welchem man je zwei Bindersysteme gleichzeitig zusammen baute; die Binderenden ruhten dabei auf zwei achträdrigen niedrigen Wagen. Diese waren durch Gitterwerk miteinander verbunden und liefen auf Schienen, welche auf den Hallenwänden entlang gestreckt waren. Die beiden Bindersysteme wurden dann an ihren Aufstellungsort gefahren, indem man die Wagen mittels zweiarmiger, mit Klinken in Sperrräder eingreifender Hebel langsam vorwärts bewegte.

**b. Das Hebewerk für die Güterwagen, nebst dem zugehörigen Dampfmaschinenhaus.** Wie bereits in der Einleitung hervorgehoben, dient das Hebewerk dazu, den Höhenunterschied von 4 m zwischen dem alten und dem neuen Bahnhof auszugleichen. Wegen des beschränkten Raums war die Verbindung mit dem Hafenplatz und den Lagerplätzen durch eine Rampenanlage nicht zu ermöglichen. *Abb. 20* zeigt die Übersichtsskizze der Anlage.

Das Hebewerk selbst besteht aus einer, durch eine eiserne Säule getragenen Bühne *(Abb. 21)*, welche die zu senkenden bzw. zu hebenden Wagen aufnimmt. Die Säule bewegt sich in einem in den Boden eingemauerten Presszylinder aus Gusseisen und wird durch Wasserdruck in Bewegung gesetzt. Das hierzu nötige Druckwasser wird in dem nebenliegenden Dampfmaschinenhaus in einem Kraftsammler (Akkumulator) aufgespeichert.

Das Gebäude enthält zunächst den Raum für die Dampfkessel, ferner einen Raum für die Dampfmaschinen und

Pumpen mit einem turmartigen Ausbau für den Kraftsammler. Nach der Seite des Hebewerkes hin befindet sich endlich noch ein Raum für die elektrischen Maschinen.

Das Obergeschoss des Gebäudes, welches in der Höhe der oberen Gleise liegt, ist durch eine hölzerne Brücke mit den Betriebsgleisen in Verbindung gebracht. In diesem Geschoss befinden sich Räume für Arbeiter sowie die Vorrichtung zum Anzünden der Presskohlen.

Letzterer besteht aus schmiedeeisernen Gasröhren von 2 cm Weite, welche überall mit kleinen Löchern versehen sind. Die Presskohlen werden auf die Röhren gelegt und geraten an den vielen kleinen Stichflammen des entzündeten Gases in Glut.

Der Druckzylinder hängt in einem versenkten und nachträglich ausgemauerten Brunnen von 2 m Durchmesser. Der Stempel von 0,4 m Durchmesser, welcher mittels Stopfbüchse luftdicht in dem Druckzylinder auf und ab gleitet, trägt oben einen Kugelzapfen, auf den sich der Haupt-Mittelträger stützt. An den Enden dieses Blechträgers erheben

sich senkrechte, aus schmiedeeisernem Gitterwerke gebildete Ständer, die in ihrem oberen Teile durch ein Gitterwerk verbunden und versteift sind.

Der Rahmen der Bühne wird durch vier Längs- und Querträger gebildet. Jeder der senkrechten Ständer ist nach den Seiten hin durch Zugbänder, von denen die äußersten gleichzeitig als Druckstreben ausgebildet worden sind, mit der Bühne verbunden. Auf diese Weise wird das ganze Gewicht des aufgefahrenen Wagens auf den Mittelträger und von diesem auf den Stempel übertragen.

An den oberen Enden der senkrechten Ständer, sowie in der Höhe des Mittelträgers sind gusseiserne Führungsschuhe angebracht. Letztere gleiten an senkrechten Führungsschienen (gewöhnlichen Eisenbahnschienen), welche mittels eiserner Platten und kräftiger Ankerbolzen an eingemauerten Granit-Werksteinen befestigt sind.

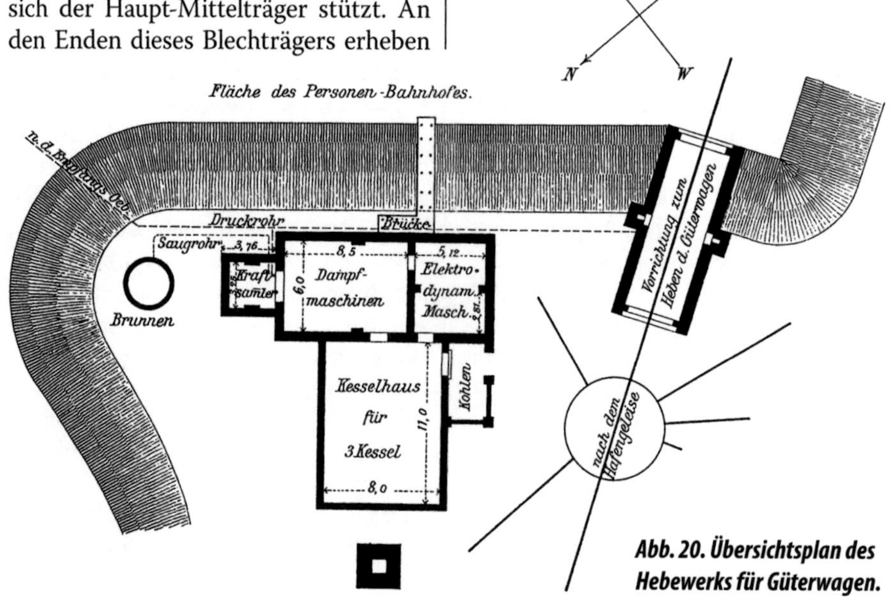


**Abb. 20. Übersichtsplan des Hebewerks für Güterwagen.**

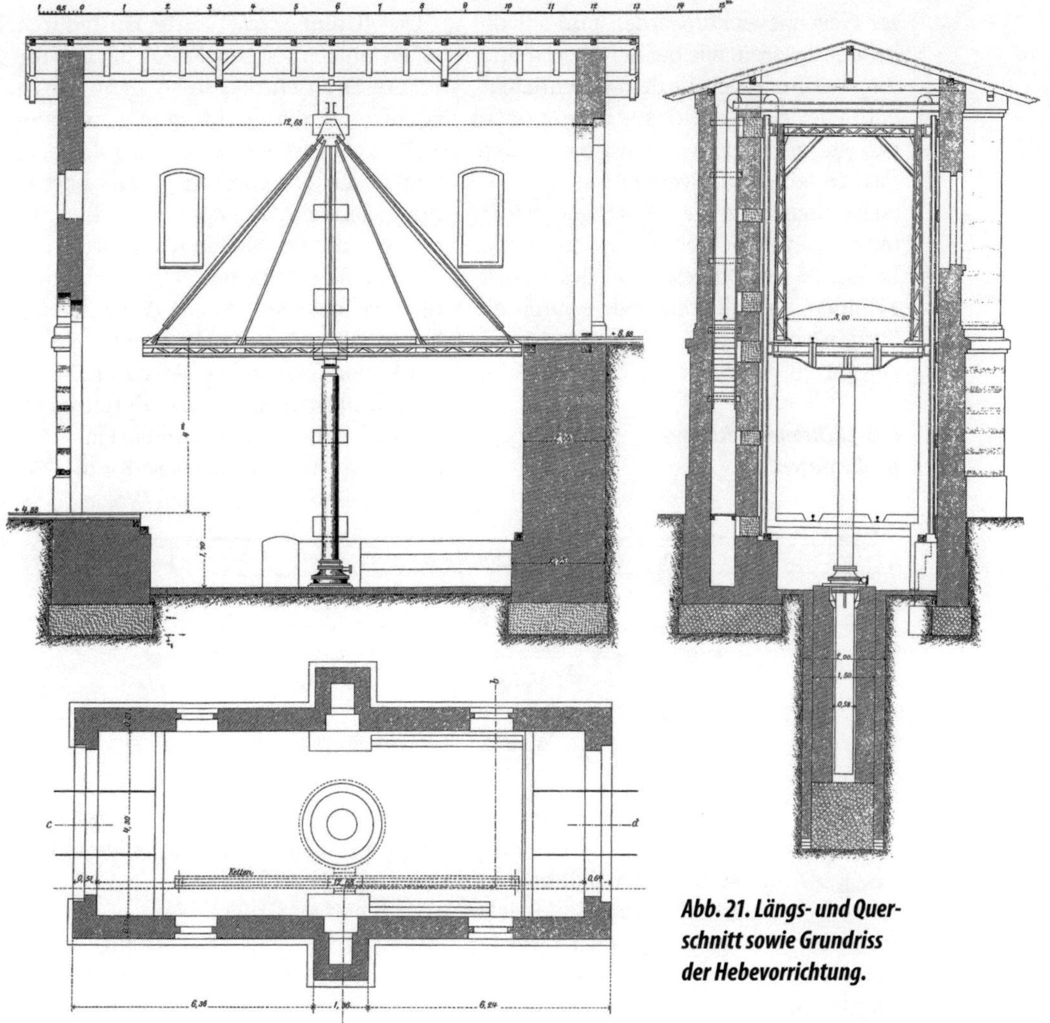



**Abb. 21. Längs- und Quer-
schnitt sowie Grundriss
der Hebevorrichtung.**

Das beträchtliche Eigengewicht der Bühne ist in folgender Weise ausgeglichen: Unter dem Dach des Hauses liegen in der Ebene der senkrechten Ständer zwei U-Eisen, zwischen welchen Rollen gelagert sind. An den Enden der Ständer sind Ketten angebracht, welche über diese Rollen laufen und an ihrem Ende Gegengewichte aus gusseisernen Platten tragen. Letztere gleiten in Schächten, welche im Mauerwerke angelegt sind. Bewegliche Auffahrtsbrücken dienen dazu, kleine Höhenunterschiede zwischen der Bühne in ihrer oberen Stellung und dem anschließenden Gleis zu vermitteln.

Durch zwei Paar Hemmklötze wird der auf der Bühne befindliche Wagen in seiner Stellung gesichert. *Abb. 22* zeigt die Konstruktion derselben im Einzelnen. Die Einrichtung ist derart getroffen, dass die Klötze durch ein entsprechendes Gegengewicht stets in der richtigen Lage auf den Schienen erhalten werden. Durch eine selbsttätige Ausrückung dieser Gegengewichte werden nun sowohl bei der unteren, wie bei der oberen Stellung des Aufzuges die dem anschließenden Gleise zugekehrten Hemmklötze beiseite geklappt, während das andere Paar in seiner Lage verbleibt.

Die Steuerung des Aufzuges erfolgt durch einen Schieber, dessen Schieberkasten am oberen Teile des Druckzylinders liegt. Ersterer wird durch ein System von Hebeln, Wellen und Stangen durch einen, an der Seite der obe-

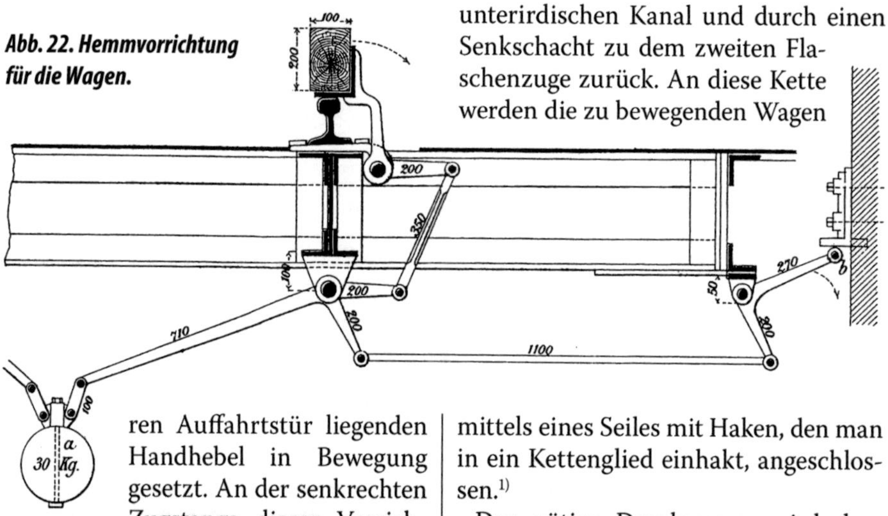

**Abb. 22. Hemmvorrichtung für die Wagen.**

ren Auffahrtstür liegenden Handhebel in Bewegung gesetzt. An der senkrechten Zugstange dieser Vorrichtung sind Knaggen angebracht, welche der Aufzug mittels einer am Rahmen angebrachten Gabel erfasst, so dass er seinen Hub nach unten und oben selbsttätig begrenzt. In der unteren Stellung ruht der Aufzug auf Holzbalken, welche die Bühne in der Mitte und an den Enden unterstützen.

Zum Heranholen der Güterwagen von der oberen oder unteren Drehscheibe dient eine Schleppkette, deren Fortbewegung mittels eines umgekehrten Flaschenzugs mit ebenfalls hydraulischem Betrieb erfolgt. Die hierzu erforderliche Vorrichtung ist auf dem Fußboden des Aufzughäuschens aufgestellt.

Die 10 mm starke Kette läuft durch einen unterirdischen Kanal bis vor die untere Drehscheibe, steigt dann durch einen engen Schacht empor, wendet sich zurück und wird, zu Tage liegend, neben den Schienen in 1,45 m Entfernung von der Mitte des Gleises bis hinter den Aufzug geleitet; woselbst sie um die Hubhöhe desselben emporsteigt und in derselben Weise neben den Schienen bis vor die obere Drehscheibe geführt wird. Von hier kehrt sie durch einen unterirdischen Kanal und durch einen Senkschacht zu dem zweiten Flaschenzuge zurück. An diese Kette werden die zu bewegenden Wagen mittels eines Seiles mit Haken, den man in ein Kettenglied einhakt, angeschlossen.[1]

Das nötige Druckwasser wird dem Aufzug bzw. dem Flaschenzug (sowie auch den Gepäckaufzügen des Empfangs-Gebäudes) aus dem Kraftsammler (Akkumulator) zugeführt, welcher in einem turmartigen Anbau des Maschinenhauses aufgestellt ist. Derselbe besteht aus einem gusseisernen Zylinder, aus welchem ein Taucherkolben von 45 cm Durchmesser hervorragt. Letzterer trägt einen zylindrischen schmiedeeisernen Behälter von 2,5 m Durchmesser zur Aufnahme von Belastungsmaterial.

---

1) Dieser Flaschenzug hat sich nicht bewährt, ist daher wieder beseitigt worden. Die Wagen werden nun durch Arbeiter geschoben.

Die gesamte Hubhöhe des Kolbens beträgt 5 m, mithin vermag der Kraftsammler bei vollständigem Niedergange 0,795 m³ Wasser zu liefern, was für ein Spiel der Hebevorrichtung (0,5 m³) und für 7 Hübe der Gepäckaufzüge im Empfangsgebäude ausreicht.

Seitlich sind an dem Belastungsbehälter vier Führungsschuhe angebracht, welche zwei an den Mauervorsprüngen des Turmes befestigte Eisenbahnschienen umfassen und hierdurch die Führung des Kraftsammlers bewirken.

In seiner untersten Lage setzt sich der Belastungsbehälter auf ein Bockgerüst von Eichenholz. In der höchsten Lage dagegen wirkt er auf eine Hebelverbindung, welche die Dampfzuleitungsröhren der Pumpen absperrt.

Der Betrieb der Anlage gestaltet sich günstig. Durchschnittlich werden täglich 30 bis 40 Wagen gehoben, während sich in Zeiten starken Verkehrs die Zahl der geförderten Wagen bis auf 80 steigert.

Die Gebäude sind in gefälligen Formen aus gelben Verblendklinkern in Ziegelrohbau ausgeführt.

**c. Die Güterschuppen-Anlage.** Wie bereits angeführt, sind die Güterschuppen für Versand und Empfang getrennt; zwischen beiden befindet sich die gepflasterte Ladestraße von 20 m Breite zwischen den Kanten der Ladebühnen. Die Schuppen selbst haben etwa 212 m Länge, 15 m Lichte Breite und 4,3 m Höhe vom Fußboden bis zur Binderbalken-Unterkante. Sie sind in Ziegelrohbau mit gelben Verblendklinkern in einfachen Formen ausgeführt.

Die Achsentfernung der Tore beträgt 11,84 m. Die Tore selbst haben 2,5 m

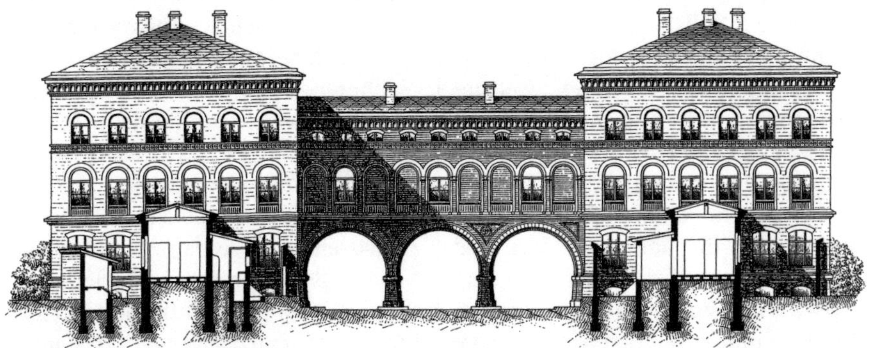

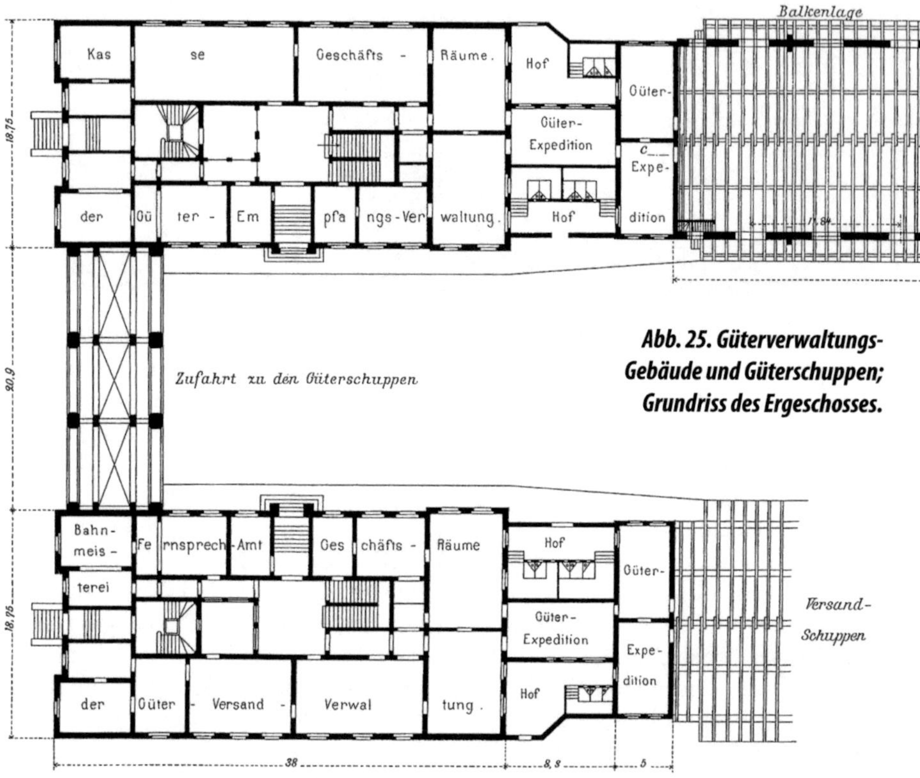


**Abb. 25. Güterverwaltungs-Gebäude und Güterschuppen; Grundriss des Ergeschosses.**

Lichtweite und 2,56 m Höhe. Verschlossen werden dieselben im Versandspeicher durch Rollläden aus Wellblech, im Empfangsspeicher durch Rolltore. Die Schuppen sind auf je 50 m durch Brandmauern, die über das Dach reichen, in einzelne, vollständig voneinander getrennte Räume gesondert; die Verbindungstüren, deren immer zwei nebeneinanderliegen, sind aus Wellblech hergestellt. Das nötige Licht erhalten die Schuppen durch seitlich angebrachte Fenster von 2 m Höhe und 1,5 m Breite, durch Oberlichter über den Türen und durch solche im Dach. Letztere sind in etwa 12 m Entfernung angeordnet, 3,8 m lang und etwa unter 45° gegen die Senkrechte geneigt.

Die Schuppen sind ihrer ganzen Länge nach unterkellert, da der bisherige Erdboden hier beträchtlich tiefer als die jetzige Schienenoberkante lag. Die hierdurch gewonnenen, ausgedehnten Räume sind teils für Verwaltungszwecke nutzbar gemacht, teils vermietet. So finden sich beispielsweise darin die ausgedehnten Bierlagerkeller des Biereinfuhr-Geschäftes von Wilhelm Richter. Dieser Teil des Kellers ist nachträglich überwölbt, und zwar derart, dass zwischen Eisenbahnschienen Kappen aus Ziegelsteinen eingespannt worden sind.

Die Lagerhölzer des Fußbodens, welche in etwa 1 m Entfernung liegen, ruhen auf Langschwellen, die durch einzelne, 0,51 m im Quadrat große, stei-

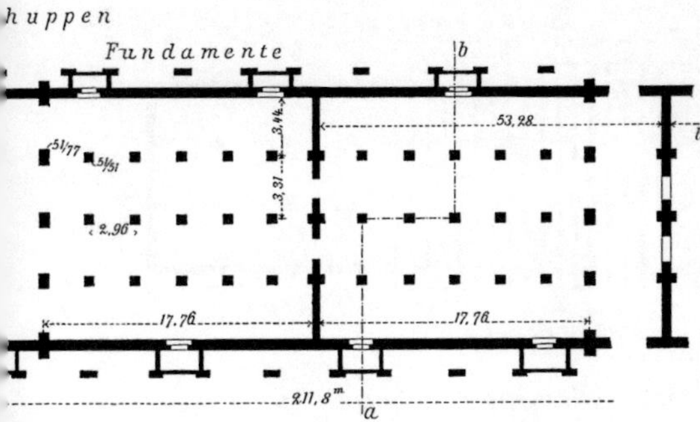


nerne Pfeiler unterstützt werden; an den Stellen, wo die Langschwellen gestoßen wurden, sind Unterzüge angebracht.

Die Dachkonstruktion ist eine sehr einfache, aus Holz gebildete. Die Sparren werden durch neun Pfetten getragen, von denen die mittlere eine unmittelbare Unterstützung durch einen hölzernen Mittelständer erhält, während die beiden nächstfolgenden durch die Hängesäulen zweier Hängewerke getragen werden, die beiden äußersten aber auf den durchgehenden Zangen der Bindergebinde aufruhen; die den Umfassungsmauern zunächst befindlichen vier Pfetten liegen auf hölzernen Säulen, welche durch Sandstein-Konsolen unterstützt sind. Die Bindergebinde selbst befinden sich in 5,92 m Abstand. In Entfernungen von 17,76 m sind innere Strebepfeiler zur Verstärkung der Umfassungsmauern angebracht. Die Eindeckung der Dächer ist mittels Dachpappe auf Dachschalung erfolgt. Bei einer Höhe von 0,9 m hat der Perron an der Ladestraße eine Breite von 1,5 m, derjenige an der Bahnseite eine solche von 2 m. Die Wasserabführung erfolgt auf der inneren Seite durch Abfallröhren, die an den Umfassungswänden hinabgeführt worden sind und das Wasser in die unterirdischen Entwässerungskanäle gelangen lassen. Zur

Erleuchtung des Kellers dienen Fenster mit vorliegenden Lichtschächten.

Zwischen den Schuppen und den Verwaltungsgebäuden liegen Höfe mit den nötigen Aborten sowie die Expeditionen. *Abb. 24* gibt einen Durchschnitt durch diese Höfe und Zwischenbauten und zeigt zugleich die Rückansicht auf die Verwaltungsgebäude, welche *Abb. 23* in der Vorderansicht darstellt.

Diese Gebäude sind im Kopfverband ausgeführt und bieten bei aller Einfachheit der Ausführung ein gefälliges Bild, wozu nicht zum wenigsten die Anordnung der Einfahrten nach der zwischen den Schuppen liegenden Ladestraße beiträgt; dieselbe besteht aus drei offenen gewölbten Bogenstellungen, die auf zwei sehr kräftig gegliederten Pfeilern ruhen.

In den umfangreichen Räumen der beiden Seitenflügel sind zahlreiche Geschäftszimmer der Verwaltung der Berlin-Anhaltischen Eisenbahn sowie des Betriebsamts Berlin-Sommerfeld

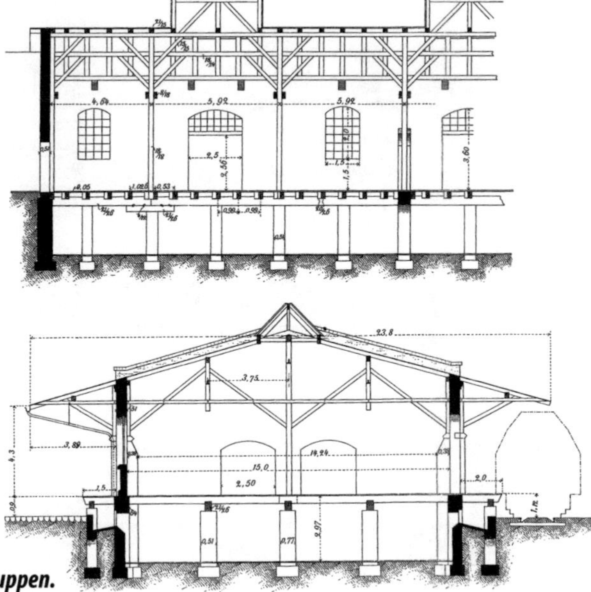

**Abb. 26. Längen- und Querschnitt des Güterschuppen.**

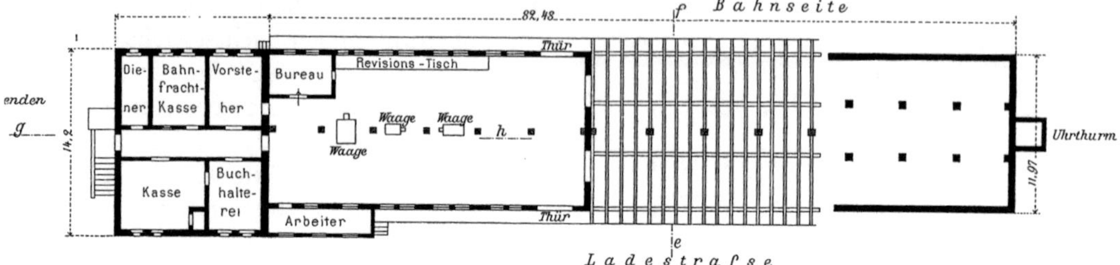



**Abb. 27. Grundriss des Schuppen für Zollpflichtige Güter.**

untergebracht: Im Kellergeschoss finden sich Wohnungen für die Hausdiener, die Heizkammern für die Luftheizungen, ferner Lagerkeller für Materialien der Verwaltung sowie für die Beamtenwohnungen im zweiten Stockwerk. Das beiderseitige Erdgeschoss benutzt zum größten Teile die Güterverwaltung. Im Mittelbaue hat das statistische Büro sein Unterkommen gefunden.

Einer weiteren Erwähnung verdient noch der Schuppen für zollpflichtige Güter, welcher aus den alten, beim Umbau abgebrochenen Güterschuppen, aus Fachwerk bestehend, in einer Länge von 82,5 m wieder aufgebaut worden ist. Die *Abb. 27 u. 28*, geben Grundriss und Schnitte dieses äußerst einfachen Gebäudes. Auch dieser Schuppen ist durch eine Brandmauer in zwei Teile zerlegt worden. Vor Kopf des Gebäudes liegen die nötigen Geschäftsräume, welche unterkellert worden sind. Die Eindeckung des Gebäudes erfolgte durch doppelte Dachpappe auf Schalung.

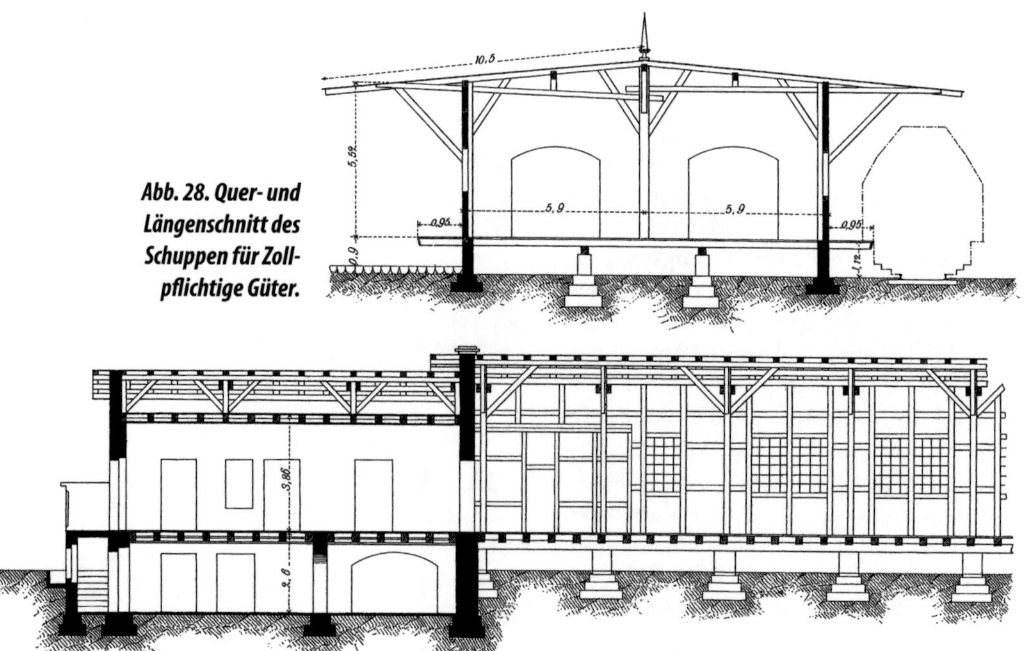



**Abb. 28. Quer- und Längenschnitt des Schuppen für Zollpflichtige Güter.**

**d. Die Lokomotiv-Schuppen für den Personen-Bahnhof,** deren Lage aus *Abb. 10* hervorgeht, und die bei den jetzigen Verkehrsverhältnissen auch die Güterzug-Lokomotiven mit aufnehmen, sind halbkreisförmig angelegt und für je 21 Stände berechnet worden. Der eine derselben ist ganz ausgebaut, vom zweiten hat man jedoch vorläufig nur 7 Stände hergerichtet. Die Gleise laufen in bekannter Weise mit einmaliger Überschneidung strahlenförmig von einer im Freien liegenden Drehscheibe von 12,5 m Durchmesser aus. Der innere Halbmesser des Schuppens beträgt 25,4 m, der äußere 43,75 m.

Die Torpfeiler hat man aus schmiedeeisernen Pfosten gebildet, um die Stände recht eng an einander rücken zu können; es beträgt hiernach die Achsentfernung der Tore 4 m,

Der Dachstuhl des Schuppens *(Abb. 30)* ist aus Schmiedeisen gefertigt. Zur Erzielung einer größeren Konstruktionshöhe wurde die untere Gurtung gekrümmt. Hierdurch ist es möglich geworden, die Dachbinder sehr leicht zu halten. Je zwei Bindergebinde sind abwechselnd durch Diagonalverband zusammengefasst, wie aus dem Grundriss zu ersehen ist.

Der Schuppen hat eine Tiefe von 17,74 m im Lichten. Die Löschgruben sind 14,5 m lang, so dass auf jeder Seite noch ein Gang von 1,62 m bleibt. Die Schienen lagern auf einzelnen Granitwürfeln. Die Entwässerung erfolgt durch einen Kanal, welcher im Schuppen an der inneren

*Abb. 29. Lokomotiv-Schuppen für 42 Personenzug-Lokomotiven.*

Umfassungswand entlang läuft und mit Granitplatten abgedeckt ist.

Licht erhält das Innere durch Fenster in der äußeren Umfassungswand und durch die im oberen Teil mit Fenstern versehenen Tore. Die Torflügel bestehen aus einem schmiedeeisernen Rahmen und sind in ihrem unteren Teil mit Bohlen verkleidet. *Abb. 31* zeigt ein Tor in der Ansicht.

Auf der Firste der Schuppen befinden sich Laternen, welche mit den üblichen Lüftungsklappen versehen

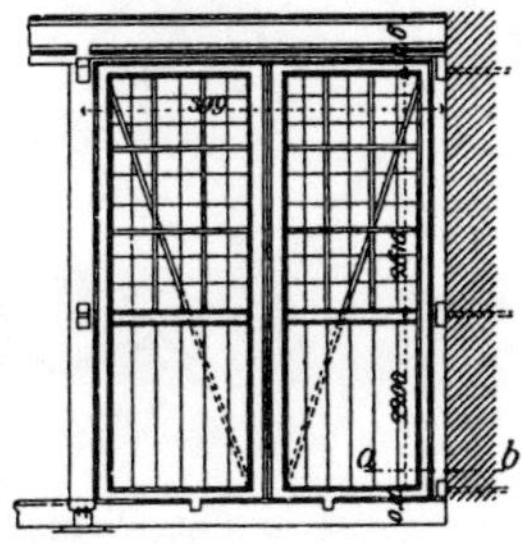

*Abb. 31.*

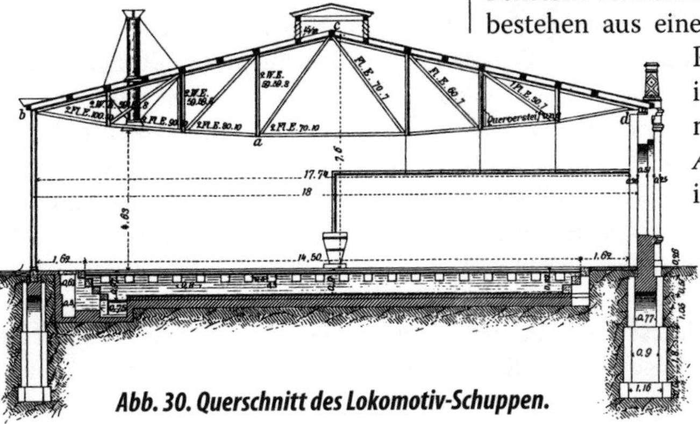

*Abb. 30. Querschnitt des Lokomotiv-Schuppen.*

sind. Die Heizung erfolgt durch einzelne Öfen, die sich in der Mitte zwischen den einzelnen Ständen befinden, und deren Rauchröhren wagerecht nach der äußeren Umfassungswand geleitet sind, um hier in Schornsteine, die in den Pfeilern ausgespart wurden, einzumünden.

Der Fußboden besteht aus hochkantigem Ziegelpflaster mit schwachem Gefälle nach den Gruben.

Die Gründung erfolgte mittels einzelner Pfeiler in einer Tiefe von rund 4,2 m, und zwar immer an den Stellen, wo die Dachbinder aufruhen; zwischen diese Pfeiler sind Erdbögen gespannt. In glei-

Diese Verwaltungsgebäude dienen mannigfachen Zwecken. In dem kleineren, mit den Giebeln der Schuppen in einer Flucht liegenden Gebäude befinden sich zunächst im unteren Geschoss Werkstättenräume, wie dieselben für eine so bedeutende Anlage nicht gut entbehrt werden können. Über diesen Räumen liegen im oberen Geschoss die Geschäftszimmer des Betriebs-Maschinenmeisters. An das Vordergebäude schließen sich der Pumpenraum und die Maschinenstube nebst Kesselhaus an. Darüber befinden sich sieben gusseiserne Wasserbehälter von je 17 m$^3$ Inhalt.

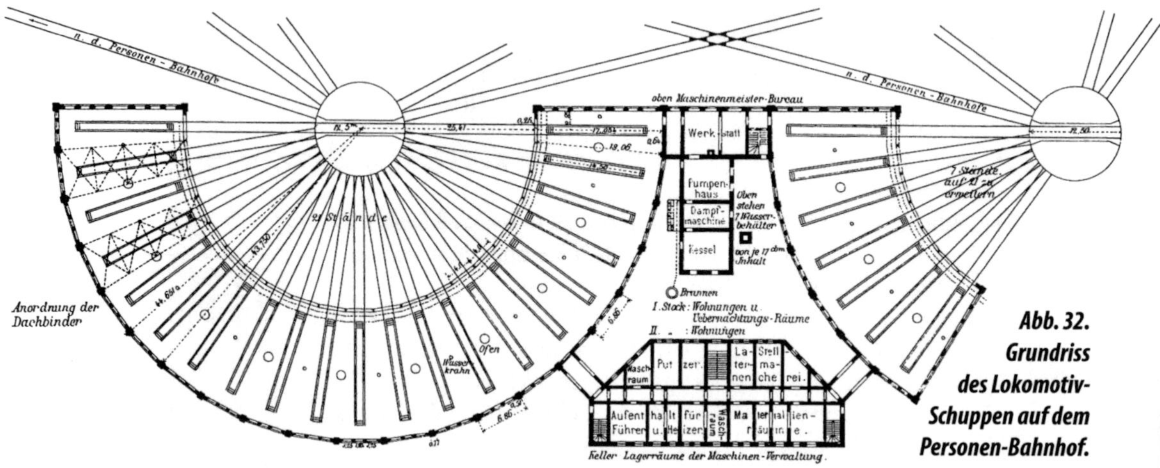


**Abb. 32. Grundriss des Lokomotiv-Schuppen auf dem Personen-Bahnhof.**

cher Weise geschah auch die Gründung der Löschgruben. Das Sohlengewölbe wurde, nachdem der Boden möglichst eingeschlämmt war, zwischen die Wangenmauern eingespannt.

Die Herstellung des aufgehenden Mauerwerkes erfolgte ebenfalls aus gelben Klinkern; *Abb. 29* zeigt einen Teil der Giebelansicht des kleinen Schuppens. Das Mauerwerk ist in gefälligen Formen ausgeführt, und die beiden Schuppen gruppieren sich sehr hübsch um die in der Mitte zwischen ihnen liegenden Verwaltungsgebäude.

Das andere, größere Gebäude wird ebenfalls zu Verwaltungszwecken benutzt. Die Keller enthalten Lagerräume für die Maschinenverwaltung; ebenso das Erdgeschoss, in welchem sich außerdem Zimmer zum Aufenthalt für das Maschinenpersonal des Schuppens (Führer-, Heizerzimmer usw.) befinden. Im ersten Stockwerk liegen Übernachtungsräume für fremdes Zugpersonal, im zweiten Stockwerk Wohnungen für Beamte. Durch zwei Gänge sind die Schuppen mit dem Gebäude verbunden.

**e. Der Lokomotivschuppen für 21 Güterzug-Lokomotiven**, am Kreuzberg, in unmittelbarer Nähe der Kolonnenbrücke erbaut, dient augenblicklich, wie schon erwähnt, der Hauptsache nach zur Aufnahme von Aushilfs-Lokomotiven.

Wie aus dem Querschnitt *Abb. 35* zu ersehen, ist der im Grundriss rechteckige Raum durch zwei Reihen eiserner Säulen in drei Schiffe geteilt worden. Im mittleren Schiffe befindet sich die Schiebebühne, zu beiden Seiten liegen die Lokomotivstände.

Die Lichtweite jedes Schiffs von Mitte zu Mitte der Säulen beträgt 17 m, die Achsentfernung der Säulen in der Längsrichtung 5 m, ebenso viel mithin auch die Breite eines jeden Lokomotivstandes.

Die Dachkonstruktion besteht aus Eisen; auch hier ist durch Krümmung der unteren Gurtung erreicht worden, die einzelnen Dachbinder sehr leicht zu gestalten. Wiederum sind abwechselnd je zwei Hauptträger durch Diagonalkreuze miteinander verbunden worden. Je ein Lager ist fest, das andere dagegen als Gleitlager angeordnet. Die Eindeckung erfolgte durch doppelte Dachpappe auf Schalung.

Zur Lüftung dienen die bekannten Laternen mit stellbaren Klappen.

Das nötige Licht erhält das Innere des Schuppens durch 1,9 m breite und 3,1 m hohe Fenster in den Umfassungswänden. Für das Mittelschiff bedurfte es indessen bei der großen Breite des Schuppens zur genügenden Beleuchtung noch eines besonderen Oberlichtes.

Die Heizung erfolgt im Winter durch einzelne Öfen, welche zwischen den einzelnen Ständen aufgestellt sind, wie aus dem Grundriss hervorgeht. Die Gase werden durch senkrechte gusseiserne Röhren über das Dach geführt.

Die Kanäle zur Entwässerung der Löschgruben sind nicht (wie gewöhnlich) an den Enden der Gruben entlang gelegt, sondern kreuzen diese in der Mitte. Hierdurch werden verschiedene Vorteile erreicht: Einmal erzielt man eine Ersparung an Wangenmauerwerk und Abdeckplatten des Kanals, und zwar jedes Mal auf die Breite einer Löschgrube; ferner erreicht man leichte Zugänglichkeit, sowie genügende Helligkeit des

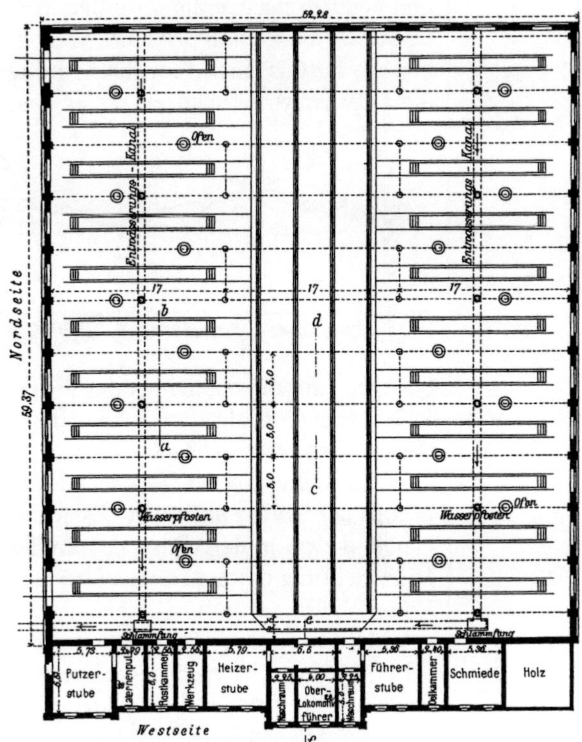

*Abb. 33. Grundriss des Lokomotiv-Schuppen für 21 Güterzug-Lokomotiven.*

Kanals, da derselbe von jeder Grube aus bestiegen werden kann und nur die Stücke zwischen den einzelnen Gruben mit Platten abgedeckt sind. Derselbe ist mithin vorzüglich geeignet, die Wasserzuleitungsröhren für die zwischen den einzelnen Ständen liegenden Wasser-

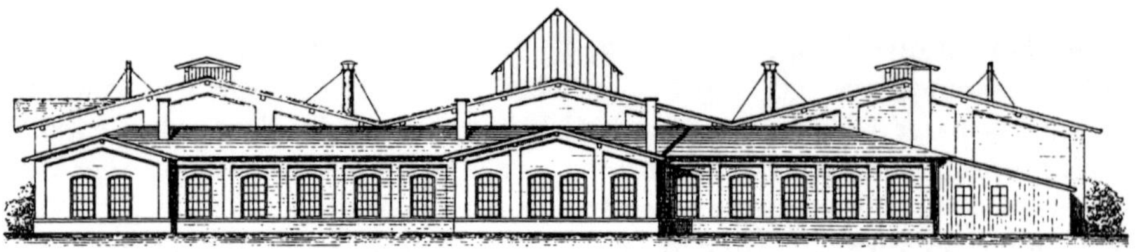



**Abb. 34. Westliche Ansicht des Lokomotiv-Schuppen für Güterzug-Lokomotiven.**

pfosten aufzunehmen, wie im vorliegenden Fall auch geschehen ist. Die Leitung ist auf diese Weise an jeder Stelle zugänglich, und die vielen Abzweigungen nach den Wasserpfosten können leicht und bequem nachgesehen werden. Beide Kanäle münden in Schächte, von denen aus mittels einer Tonröhrenleitung die Entwässerung nach einer vor dem

das schmutzige Wasser zur Ruhe und Klärung kommt, bevor es zum Abfluss in die Löschgruben gelangt. Die zur Abführung des Tagewassers benutzten Löschgruben haben daher an der Seite einen kleinen Kanal und ein seitliches

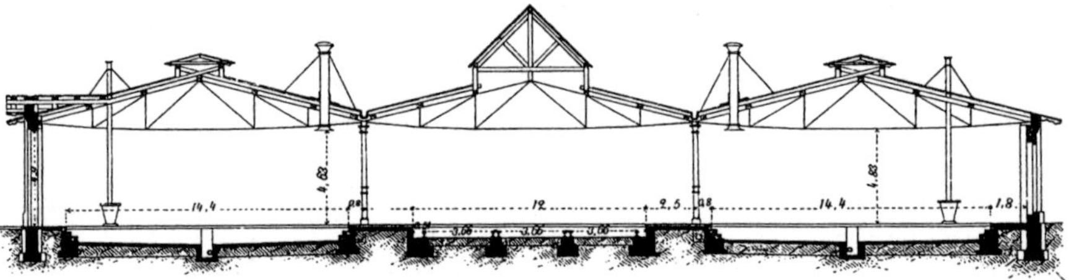

**Abb. 35. Querschnitt.**

Schuppen angelegten Schwindgrube erfolgt, da der Anschluss an einen vorhandenen Wasserzug nicht möglich war.

Die Entwässerung des Dachs geschieht mittels der Säulen nach den Löschgruben, und zwar in der Weise, dass in der Längsrichtung des Schuppens über den Säulen hölzerne, mit Zinkblech ausgeschlagene Kastenrinnen entlang geführt sind, welche nach jeder zweiten Säule Gefälle und Abfluss haben. Am Fuß einer solchen Säule ist stets erst ein Schlammfang vorgesehen, in welchem

Quergefälle, die übrigen dagegen einen muldenförmigen Querschnitt erhalten.

Der Fußboden des Schuppens ist zwischen den Säulen aus Mosaikpflaster hergestellt; die Steine haben ebene Kopfflächen und halten 5 – 8 cm im Durchmesser. Das Pflaster hat in der Mitte zwischen den Säulen einen Grat und fällt alsdann beiderseits nach den Gruben. Die Schienen auf den Gruben ruhen auf einzelnen Sandsteinwürfeln. Das Sohlen-

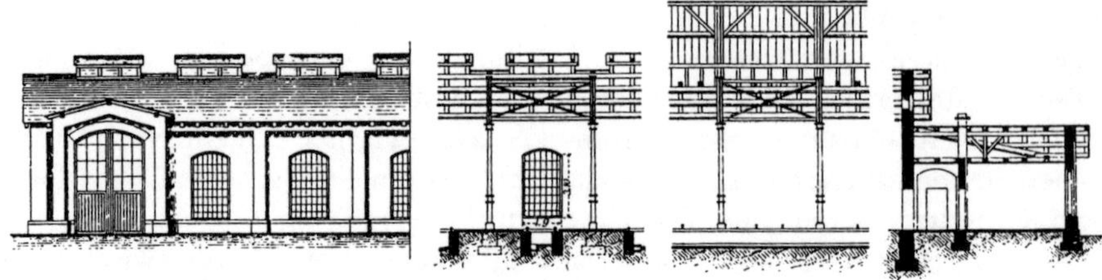

**Abb. 36. Nördliche Ansicht und Konstruktionsdetails des Lokomotiv-Schuppen.**

pflaster der Gruben, sowie deren Wangenmauerwerk besteht aus Klinkern, das mit einer Rollschicht abgedeckt ist.

Die Schiebebühne ist versenkt. Es liegen vier Schienenstränge in der Grube, von denen die beiden mittleren Doppelschienen sind *(Abb. 37)*. Die Schiebebühne selbst wird vorläufig mit der Hand durch zwei Arbeiter bewegt, was ausreichend ist, da dieselbe noch verhältnismäßig wenig benutzt wird. Die Konstruktion ist indessen derartig gestaltet, dass der Betrieb durch Dampfkraft oder durch eine Gaskraft-Maschine leicht eingerichtet werden kann. Die Sohle der Grube hat eine Abpflasterung aus Klinkern erhalten.

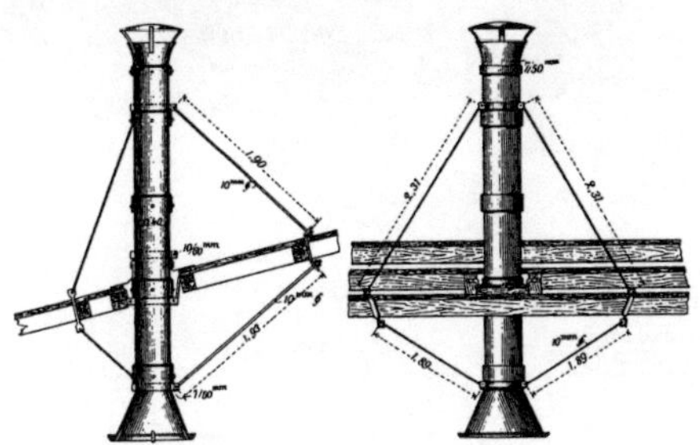

**Abb. 38. Aufhängung der Rauchfänge.**

Der Schuppen ist durchweg in Rohbau aus gelben Klinkern in einfachen Formen, der Lage und Bedeutung des Gebäudes entsprechend, hergestellt worden. Die Gründung bot keinerlei Schwierigkeiten, da der Baugrund aus gutem festgelagerten Sandboden bestand.

Im Spätherbst des Jahres 1877 wurde mit dem Bau des Schuppens begonnen und im Sommer 1878 konnte derselbe in Benutzung genommen werden.

Auf der westlichen Giebelseite des Schuppens sind verschiedene Anbauten vorgesehen, deren Zweck und Bedeutung den einzelnen Räumen eingeschrieben ist. Es lag ursprünglich in der Absicht, mit der Schuppenanlage

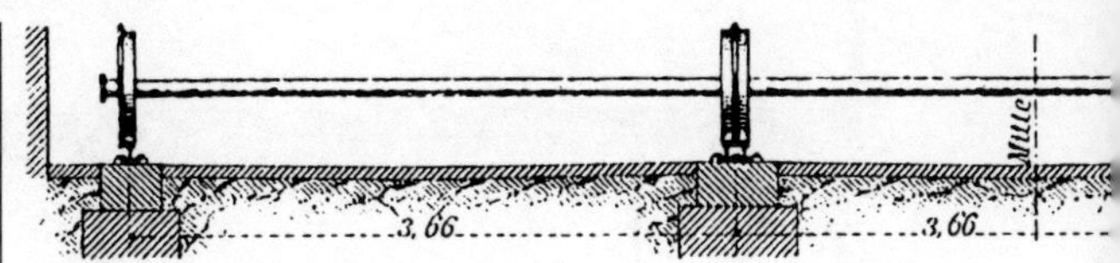

**Abb. 37. Anordnung der Schienen und Laufräder für die Schiebebühne.**

eine Wasserstation zu verbinden; hiervon ist man indessen zurückgekommen, bezieht das Wasser vielmehr von den: städtischen Wasserwerken.

In der nördlichen Frontwand sind zwei Tore vorgesehen, von denen das östliche der Regel nach zur Ein- und Ausfahrt der Lokomotiven benutzt wird. Das südliche Tor dient zur Aushilfe für den Fall, dass das östliche Zufahrtsgleis, welches in seinem weiteren Verlaufe zur Drehscheibe führt, nicht fahrbar ist.

### 3. Bauliche Nebenanlagen.

**a. Rampen.** Die auf dem Personen- und Güter-Bahnhof zur Ausführung gekommenen Rampen sind von einfachster Bauart; sie bestehen der Hauptsache nach aus einer Holzkonstruktion. Das dazwischen geschüttete Erdreich ist an den Seiten mit Trockenmauerwerk aus Kalksteinen unter einer Neigung von $1:0{,}75$ abgepflastert. Die Bauart hat sich gut bewährt, ist sehr einfach und billig.

**b. Drehscheiben, Schiebebühnen usw.** sind auf dem Personen- und Güter-Bahnhof nur in sehr beschränktem Maße zur Anwendung gekommen; das Rangieren wird vielmehr durchweg mit Hilfe von Weichen bewirkt. Die vor dem Empfangsgebäude angeordnete Schiebebühne wird nicht benutzt.

Eine Zentralisierung von Weichen und Signalen ist nur an besonders gefährdeten Stellen angeordnet worden.

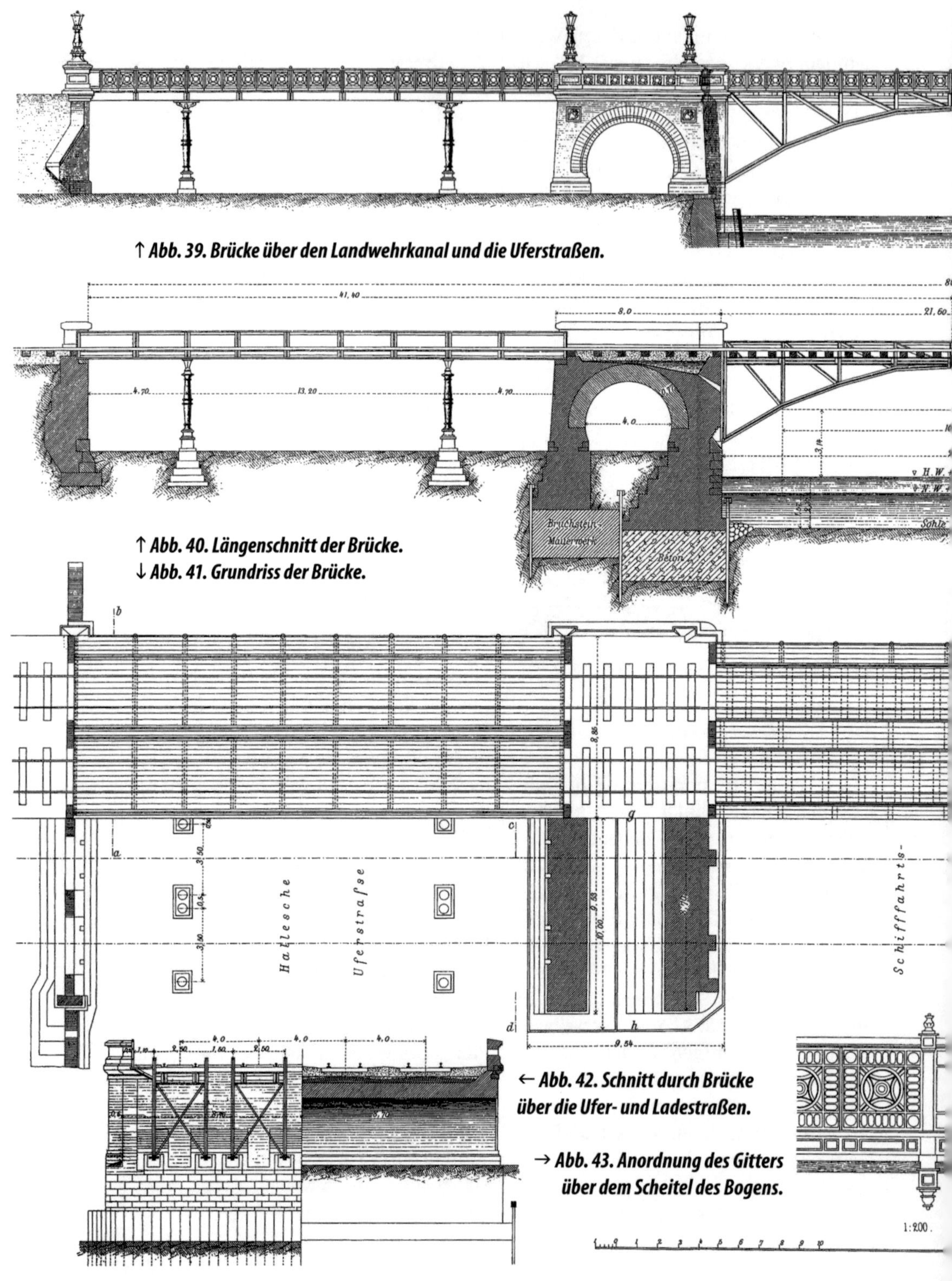

↑ *Abb. 39. Brücke über den Landwehrkanal und die Uferstraßen.*

↑ *Abb. 40. Längenschnitt der Brücke.*
↓ *Abb. 41. Grundriss der Brücke.*

← *Abb. 42. Schnitt durch Brücke über die Ufer- und Ladestraßen.*

→ *Abb. 43. Anordnung des Gitters über dem Scheitel des Bogens.*

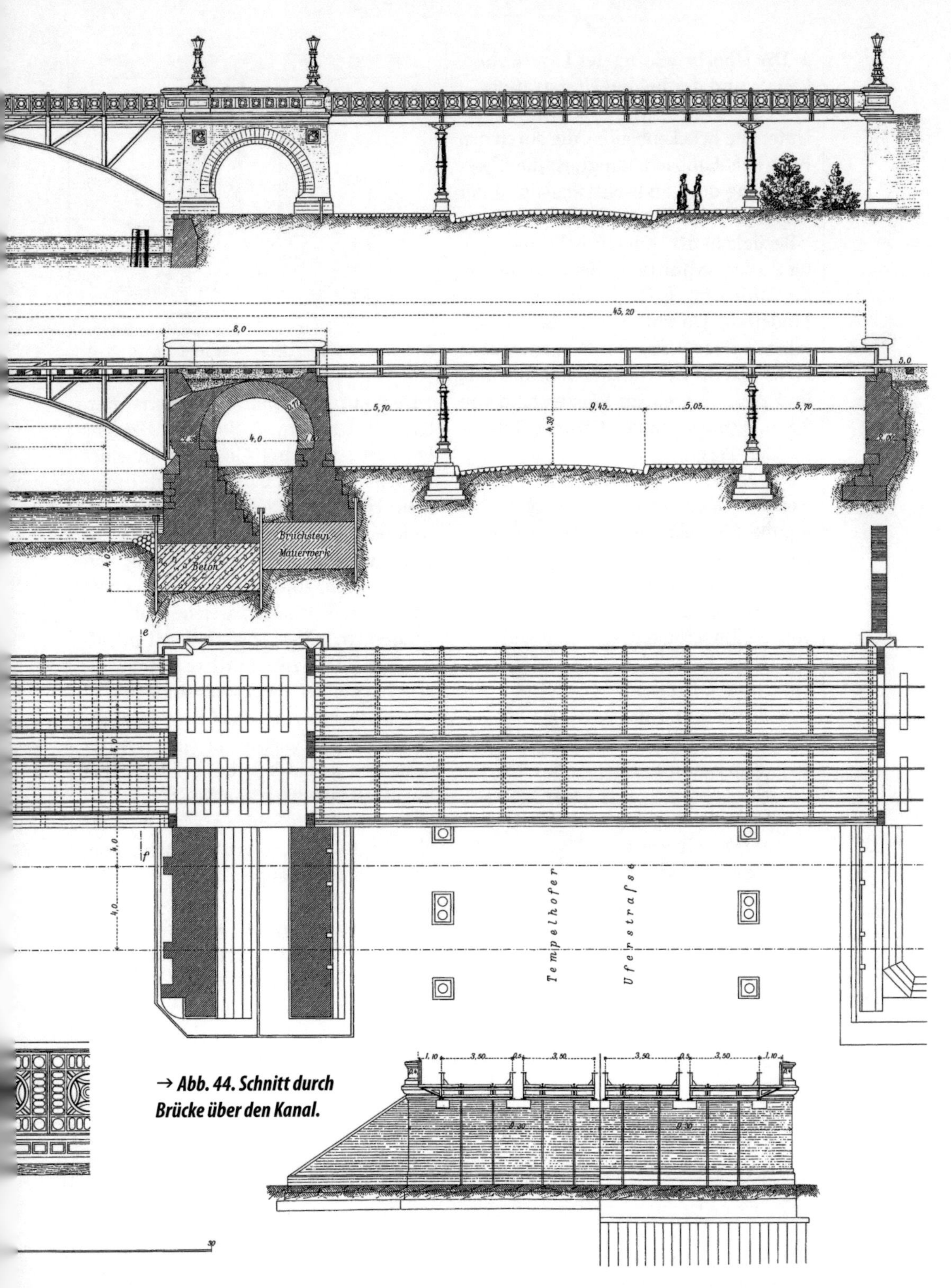


→ *Abb. 44. Schnitt durch Brücke über den Kanal.*

## 4. Die Überbrückung des Landwehrkanals und der beiden Uferstraßen.

Unter den Brückenbauten, die durch den Bahnhofs-Umbau bedingt, ist die Überbrückung des Landwehrkanals und der beiden Uferstraßen die wichtigste.

Bezüglich der Kanalbrücke war seitens der Ministerial-Baukommission die Forderung gestellt, dass zur ungehinderten Durchführung der Schifffahrt in einer Weite von 16 m eine lichte Höhe von 3,14 m vorhanden sein sollte, und zwar über einem Wasserstand von 2,8 m, bezogen auf den Berliner Dammmühlen-Pegel.

Das Hallesche Ufer, welches noch nicht reguliert ist, hat eine Gesamtbreite von 23,6 m, das Tempelhofer Ufer eine solche von 25,9 m erhalten. Die freie Höhe der Uferstraßen-Brücken (von der Dammkrone an gerechnet) wurde zu 4,39 m bestimmt.

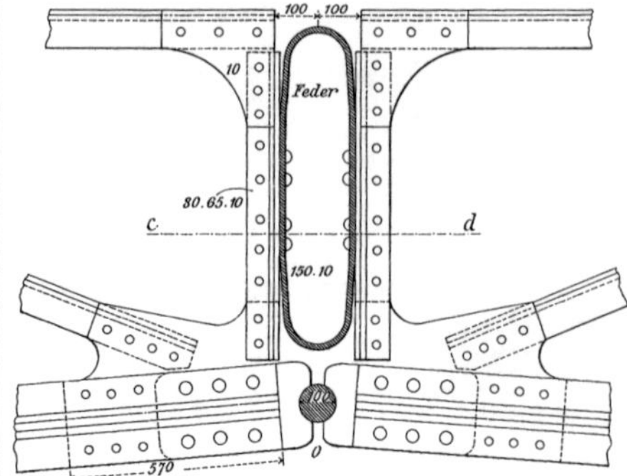

Abb. 45. Feder über dem Bogenscheitel.

Dem entsprechend ist der Kanal mittels einer eisernen Bogenbrücke aus Fachwerk mit drei Gelenken in einer Lichtweite von 21,6 m überspannt worden. Hieran schließen sich zwei gewölbte Brücken von 4 m Lichtweite zur etwaigen späteren Durchführung von Ladestraßen, und an diese die beiden Uferstraßen-Brücken, welche mit kontinuierlichen Blechträgern von drei Öffnungen, durch zwei mittlere Säulenstellungen gebildet, hergestellt sind.

Die Brücken-Anlage ist zur Überführung von vier Gleisen in einer Entfernung von je 4 m bestimmt. Die beiden mittleren bilden bekanntlich die Hauptgleise, zu deren Seiten je ein Ausziehgleis liegt. Jedes Gleis ruht selbstständig zwischen zwei Hauptträgern.

**Die Gründung der Widerlager** für die Kanalbrücke erfolgte auf Beton zwischen Spundwänden, die der nach dem Land gerichteten Widerlager, sowie der Endpfeiler der Straßenunterführungen wurde dagegen auf Bruchstein-Mauerwerk aus Kalksteinen ohne besondere Schwierigkeiten bewirkt. Die der Wasserseite zugekehrten Spundwände sind durch Steinpackungen gegen die Strömung gesichert.

Abb. 46. Brüstung und Kandelaber über dem mittleren Widerlager.

**Die Bogenbrücke** mit drei Gelenken hat 21,6 m Weite und 3,5 m Pfeilhöhe. Im Scheitel haben die Mittellinien der beiden Gurtungen 0,83 m Abstand voneinander. Die beiden Bogenträger eines Gleises liegen in 2,5 m Entfernung.

Die Anordnung des Scheitelgelenks veranschaulicht *Abb. 45.* Die oberhalb angebrachte, starke Stahlfeder dient zur Milderung der Stöße, welche durch die die Brücke befahrenden Züge hervorgebracht werden; diese Federn sind erst nach vollendeter Aufstellung der Brücken eingenietet.

Zwischen die beiden Hauptträger sind Querträger gespannt. An diese schließen die Schwellenträger. Auf letzteren liegen in 0,9 m Abstand die Schwellen, welche 22 × 26 cm stark sind und zwischen je zwei Winkeleisen von 80 × 80 × 10 lagern. In der Fläche der unteren Gurtungen ist ein Windverband aus Diagonal-Flacheisenstäben von 80 × 10 angebracht, ebenso in der Höhe der unteren Gurtung der Schwellenträger. Die Knotenpunkte der unteren Gurtungen sind durch wagerechte Winkeleisen ausgesteift. An den beiden äußersten Trägern sind auf Konsolen vorgekragte Fußsteige befestigt.

**Die Blechbrücken.** Die Blechbrücken haben eine Spannweite von 27 m bzw. 23,7 m. Die Schienen lagern hier unmittelbar auf Längsträgern.

Von Interesse dürfte die Anordnung der Säulen sein, welche aus *Abb. 47* ersichtlich wird. Je zwei derselben sind auf einem gemeinsamen Granit Sockel vereinigt. Die Höhe der Säule von Oberkante Sockel bis Unterkante Hauptträger ist 3,47 m. Jeder Säulenschaft hat oben und unten Kugelgelenke; durch zwei Keile erfolgt die Regelung der Höhe.

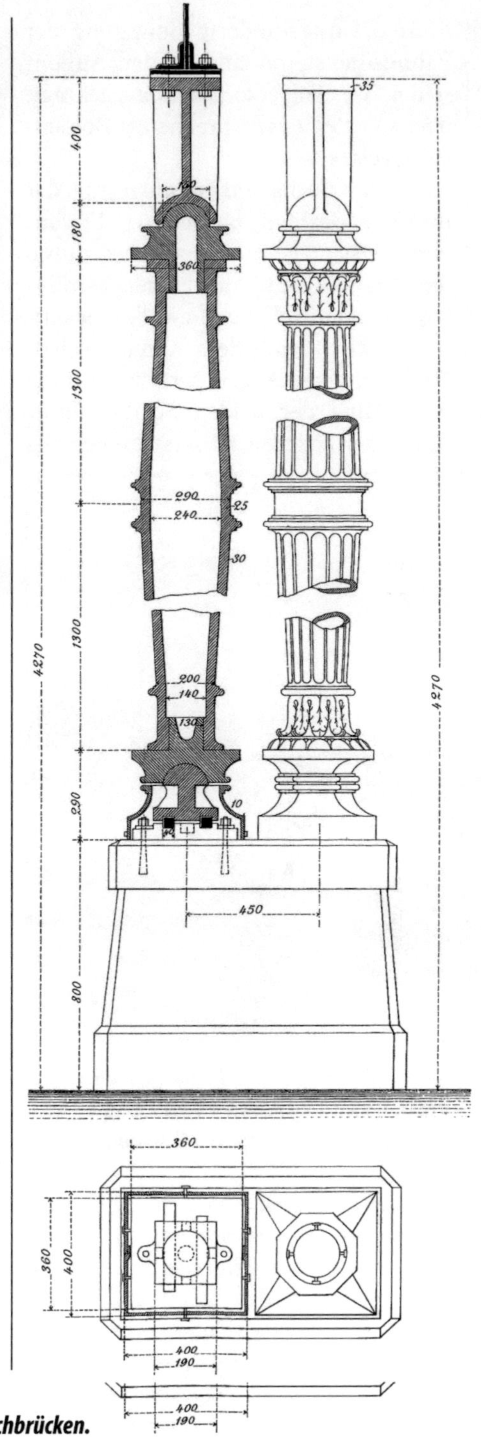

*Abb. 47. Säulen zur Unterstützung der Blechbrücken.*

Für die ungehinderte Bewegung der Bahnbediensteten sind an den Außenseiten der Trägerkonsolen ausgekragt, über welche der entsprechende Bohlenbelag gestreckt ist.

Die Abdeckung und Entwässerung der Brücken verdient besonderer Erwähnung. Das Tagewasser, welches durch die Überschüttung der beiden gewölbten Brücken auf das Gewölbe sickert, wird seitlich nach dem Kanal geleitet. Ein besonderes Augenmerk war auf die Abdeckung der beiden Straßenunterführungen zu legen. Es musste einerseits

*Abb. 48. Die Brücke der Anhalter Bahn über den Landwehrkanal und der 1902 erbaute Hochbahnviadukt. Foto: Max Missmann, 1905.*

das Durchtropfen von Schmutzwasser verhindert werden, andererseits wollte man auch den Lärm, welchen die die Brücke befahrenden Züge hervorrufen, tunlichst mildern. Zu diesem Zweck sind an den Querträgern seitlich Bohlen von 8 cm Stärke festgeschraubt, über diese hat man in der Längsrichtung einen Belag von 5 cm Stärke gestreckt, welcher mit Teerpappe abgedeckt ist; hierüber liegt endlich der Quere nach noch eine 2,5 cm starke Lage von getränkten Brettern. Diese Abdeckungen erhielten ein entsprechendes Quergefälle, und das abfließende Wasser wird durch entsprechende Riemen nach den Widerlagern geführt, gelangt dort in Abfallröhren und von diesen in die unterirdische Entwässerung.

Die Anordnung hat sich gut bewährt, und das Geräusch der über die Brücke fahrenden Züge wird sehr gemildert, was um so notwendiger erscheint, als auf der Brücke viel rangiert wird.

**Ausschmückung der Brücken.** Für das äußere Ansehen ist in Rücksicht auf die bevorzugte Lage des ganzen Bauwerks viel geschehen. Das Mauerwerk der beiden gewölbten Brücken, sowie der Endwiderlager ist aus verblendetem Ziegelstein-Rohbau sauber hergestellt. Zu den Gesimsen usw. sind Terrakotten verwandt. Das Geländer ist über den Brücken in reichen Formen aus Gusseisen gebildet, und die Sockel sind mit Kandelabern geschmückt.

**Sonstige Überbrückungen.** Außer der Kanalbrücke ist beim Umbau noch die Unterführung der demnächstigen Yorkstraße nötig geworden. Es sind auf kontinuierlichen Blechträgern, welche denen der Uferstraßen ähnlich gebildet wurden, 13 Gleise in einzelnen Gruppen übergeführt worden. Die Verblendung des Widerlager-Mauerwerks erfolgte mit gelben Klinkern.

Endlich sei noch kurz erwähnt, dass die weiterhin liegende Monumenten- und Kolonnenbrücke als hölzerne Jochbrücken konstruiert sind und nichts besonderes Erwähnenswertes bieten.  ❏

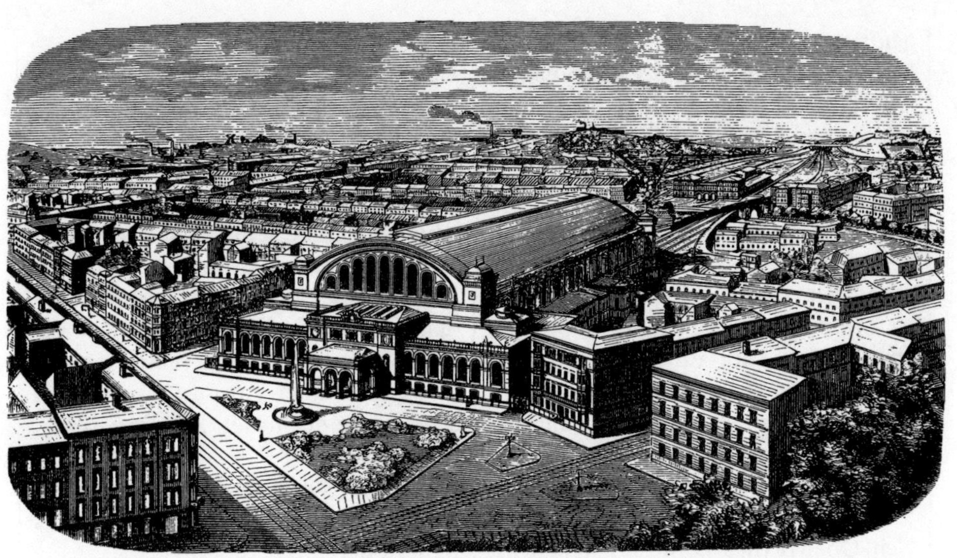

# Das neue Empfangsgebäude

## der Berlin-Anhaltischen Eisenbahn in Berlin

DEUTSCHE BAUZEITUNG • 11.1.1879

Als die letzte unter den vier ältesten, in der Frühzeit des deutschen Eisenbahnwesens entstandenen Bahnhofsanlagen Berlins wird im Laufe dieses Jahres auch der Bahnhof der Berlin-Anhaltischen Eisenbahn mit jenem, einer vollständigen Erneuerung gleich kommenden Umbildungsprozess zum Abschluss gelangen, durch den vorher schon die Bahnhöfe der Niederschlesisch-Märkischen, der Berlin-Potsdam-Magdeburger und der Berlin-Stettiner Eisenbahn den nach jeder Richtung hin gesteigerten Anforderungen unserer Zeit Rechnung getragen haben. Der alte Bahnhof, der von 1839 – 40 für das Unternehmen der Berlin-Sächsischen, später Berlin-Anhaltischen, von Berlin über Jüterbog und Wittenberg nach Köthen führenden Eisenbahn erbaut und im September 1840 dem Betrieb übergeben wurde, beschränkte sich auf ein Terrain, das östlich von der Möckernstraße, südlich vom Landwehrgraben (später Schifffahrtskanal), westlich von den Grundstücken der Schöneberger Straße und an seiner schmalen Nordseite vom Askanischen Platz begrenzt wurde. An letzteren lag das in den bescheidensten Abmessungen und Formen errichtete Empfangsgebäude – ein Kopfbau mit zwei schmalen Perronhallen von nur 16,5 m lichter Weite zwischen den äußeren Wänden dieser Hallen.

Die Ausdehnung des Bahnnetzes der Gesellschaft, zu welchem i. J. 1847 die Linie Jüterbog – Röderau, i. d. J. 1857 – 59 die Linie Wittenberg – Bitterfeld – Halle und Leipzig – Bitterfeld – Dessau hinzutraten, gab zu wiederholten Erweiterungen der ursprünglichen Bauten Veranlassung. Die Frequenz der Bahn gedieh jedoch in so kräftiger Weise, dass schon seit geraumer Zeit die Notwendigkeit einer über das bisherige Bahnhofsterrain hinaus gehenden Vergrößerung der gesamten Anlage als unabweislich sich herausstellte.

Nachdem im Laufe der Jahre die hierzu erforderlichen Grunderwerbungen jenseits des Schifffahrtskanals bewirkt worden waren, begann die Gesellschaft, an deren Spitze bekanntlich der langjährige Vorsitzende des Vereins deutscher Eisenbahn-Verwaltungen, Geh. Reg.-Rth. Fournier, und, als technischer Chef Geh. Ober-Brth. a. D. Siegert stehen, im Jahr 1872 die Umwandlung ihrer Bahnhofsanlagen nach einem eben so großartigen wie zweckentsprechenden, nicht nur das gegenwärtige Bedürfnis, sondern auch die Möglichkeit weiterer Entwickelung ins Auge fassenden Plan. Zwischen dem Schiff-

fahrtskanal und der Kolonnenstraße wurde ein neuer Güter-Bahnhof mit den zugehörigen Gleisen, Ladeplätzen, Speichern und einem Verwaltungsgebäude, sowie eine neue Lokomotiv- und Wasser-Station mit einem Dienstgebäude errichtet; jenseits der Ringbahn bei Tempelhof ist eine neue, umfangreiche Werkstätten-Anlage erbaut worden. Das hierdurch frei gewordene ursprüngliche Terrain des Bahnhofs aber wurde in seiner ganzen Ausdehnung zur Anlage des neuen Personen-Bahnhofs bestimmt.

Es gewährt uns eine aufrichtige Freude, über ein Werk dieser Art und dieses Ranges berichten zu können, das wir mit unge-

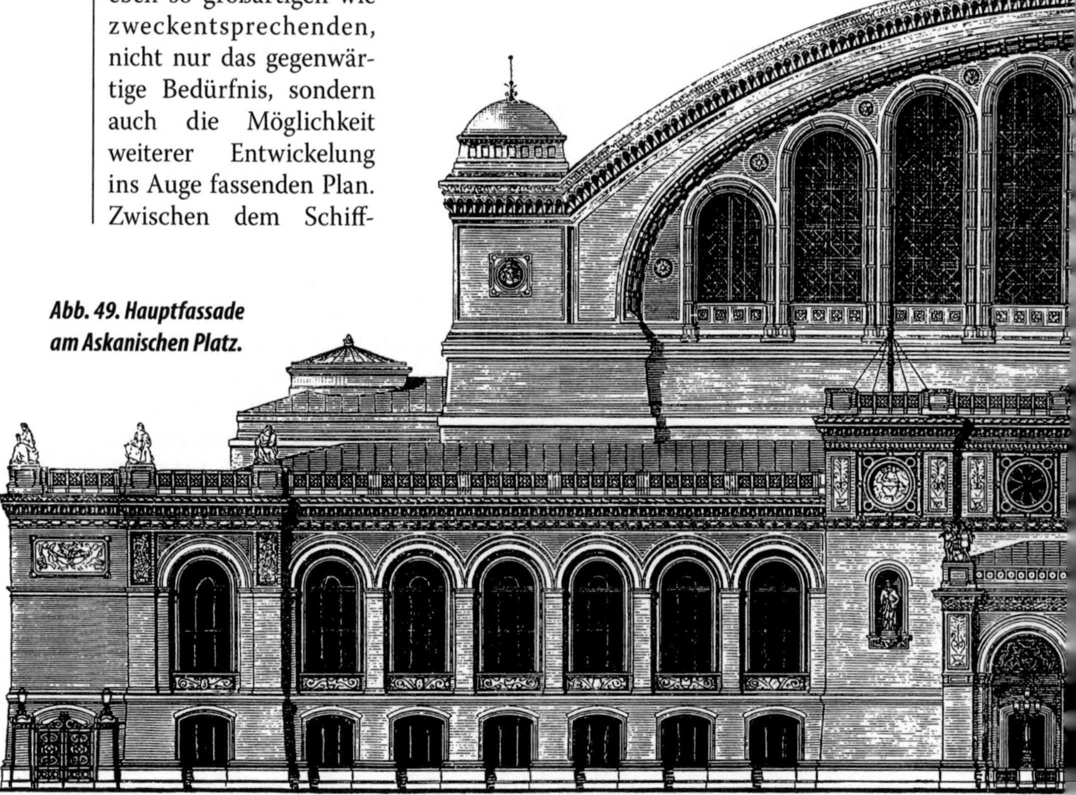

**Abb. 49. Hauptfassade am Askanischen Platz.**

trübter Anerkennung begrüßen dürfen. Im harmonischen Zusammenwirken eines hochbegabten Architekten, der sich mit feurigem Eifer in die ihm gestellte, bedeutsame Aufgabe vertieft und derselben mehrere Jahre rastloser Arbeit gewidmet hat, mit den einsichtsvollen Technikern der Bahn-Direktion, welche die Rücksichten der Nutzbarkeit und Ökonomie nach Gebühr zu vertreten, gleichzeitig aber auch auf die künstlerischen Gedanken ihres Architekten einzugehen wussten, ist eine Leistung zustande gekommen, die hoch über den meisten Lösungen derselben Aufgabe steht, die wir kennengelernt haben. Von jenem Kompromiss zwischen Monumental- und Nützlichkeits-Bau, an dem selbst die aufwandvollsten Bahnhofsanlagen der Neuzeit fast durchweg noch kränkeln und kranken, tritt hier wenig zur Erscheinung. Der Bau, über den ein endgültiges Urteil freilich erst nach seiner völligen Fertigstellung gefällt werden kann, wird voraussichtlich nicht nur allen aus der Situation und dem Betrieb hervor gehenden Ansprüchen in bester Weise genügen, sondern er wird auch als ein klarer und einheitlicher Organismus seine Bestimmung würdig und charakteristisch verkörpern und unter den Monumentalbauten der deutschen Hauptstadt vermöge seines absoluten Kunstwerts einen ehrenvollen Platz behaupten. Und wie er schon jetzt – zunächst wohl seiner ungewöhnlichen Dimensionen wegen – das Aufsehen des Publikums erregt und eine gewisse Popularität sich erworben hat, so darf erwartet werden, dass er auf die

Gestaltung späterer Bahnhofsbauten nützlichen Einfluss ausüben wird – als Beispiel einer guten Lösung, wie als Muster für den Weg, auf dem eine solche Lösung erzielt werden kann.

Gehen wir nach diesen einleitenden Bemerkungen sofort zur Beschreibung des Gebäudes, und zwar in erster Linie seiner allgemeinen Anordnung über.

Die Situation des Bauwerks, so weit dieselbe für den Zweck dieses Artikels von Wichtigkeit ist, kann aus der an die Spitze desselben gestellten kleinen Vogelperspektive *(S. 61)*, welche das Bahnterrain vom Askanischen Platz bis zur Kolonnenstraßen-Überführung verfolgen lässt, in Verbindung mit den Grundrissen *(Abb. 50 u. 51)* ersehen werden. Die breite Kopffront ist dem Askanischen Platz zugekehrt, der nach Vollendung des Baus mit Gartenanlagen und einem in der Achse des Bahnhofs liegenden Springbrunnen geschmückt werden soll. Östlich ist das Gebäude von der Möckernstraße so weit abgerückt, als zur Gewinnung eines geräumigen Droschkenplatzes erforderlich war; westlich nähert es sich den benachbarten Wohngebäuden so weit, als die Rücksicht auf Lichtzuführung und die Anlage einer seitlichen Fahrstraße dies gestatteten. Die letztere steht in Verbindung mit einer schon bestehenden Querstraße der Schöneberger Straße, sowie mit einer Fahrstraße, die das Bahnterrain quer durchschneidend und in einem Tunnel unterhalb der Gleise hindurch geleitet, vom Hafenplatz nach der Möckernstraße führt.

Ein Blick auf diese Situation macht es leicht verständlich, warum man dem neuen Empfangsgebäude, bzw. der Halle desselben, außergewöhnliche Breitendimensionen gegeben hat. Da die Abfertigung der Personenzüge für drei Hauptrouten und einen in stetiger Entwickelung begriffenen Lokalverkehr schon jetzt eine ansehnliche Hallenbreite bedingte, ging es in keinem Fall an, das Empfangsgebäude wiederum auf Abmessungen zu beschränken, welche die Errichtung anderer Baulichkeiten neben demselben gestattet hätten; die Möglichkeit einer späteren, kostspieligen Erweiterung der Halle blieb trotzdem auf ein geringes Maß eingeschränkt. Es erschien daher als das Vorteilhafteste, die Halle sofort in der größten, durch die Baustelle überhaupt gestatteten breite anzulegen, um das wertvolle durch Beseitigung der alten Baulichkeiten frei gelegte Terrain schon jetzt für die höchste Leistungsfähigkeit in der Abfertigung der Züge verschiedener Routen ausnutzen, jeder überhaupt möglichen weiteren Entwickelung des Verkehrs aber von vornherein den Weg offen halten zu können.

Eben so natürlich ergibt sich aus dieser Situation die für die Hauptmotive der Grundrissanordnung bestimmende Lage, welche dem Empfangs- und dem Ausgangsvestibül (Abfahrts- und Ankunftsv.) gegeben worden ist. Dem ersteren seine frühere Lage in dem durch die Hintergebäude der Schöneberger Straße maskierten rechten Seitenflügel zu belassen, erschien in keinem Falle zulässig; auch die ursprüngliche, ästhetisch wohlbegründete Absicht des Architekten, die für den Organismus des Gebäudes gleich berechtigten beiden Vestibüle in zwei Eckpavillons der Hauptfront am Askanischen Platz anzuordnen, zwischen denen die Halle sich öffnen sollte, erwies sich als undurchführbar, da der Platz keinen genügenden Raum für den durch eine solche Anordnung bedingten Wagenverkehr darbietet. So ergab sich als die zweckentsprechendste Lösung, dem Empfangsvestibül die bevorzugte, eine leichte Orientierung der Abreisenden ermöglichende Lage in der Front des Kopfbaues am Askanischen Platz anzuweisen, das Ausgangsvestibül dagegen im linken Seitenflügel an der Möckernstraße anzulegen, wo sich Raum für einen Droschkenplatz von genügender Größe gewinnen ließ.

Da für den Umbau des Anhalter Bahnhofs ebenso wie seiner Zeit für denjenigen des Potsdamer Bahnhofs die Notwendigkeit vorliegt, die bisherigen Niveauübergänge der beiden Kanal-Uferstraßen durch Wegunterführungen zu ersetzen und die Bahngleise dem entsprechend zu heben, so gestaltete sich die Anlage des Empfangsgebäudes als eine zweigeschossige. Das zu ebener Erde liegende Untergeschoss hat (einschl. der Decke) durchweg eine Höhe von 4,6 m erhalten. Die Räume des Hauptgeschosses zerfallen in drei bzw. vier verschieden hohe Gruppen, von denen die eine aus dem von vier Eckpylonen eingefassten Hallenbau besteht, während die zweite die im Kopfbau sowie seitlich vor dem Kopfperron angeordneten Vestibüle und größeren Säle umfasst und die dritte bzw. vierte von den in den Seitenflügeln liegenden kleineren Räumen gebildet werden. Es sei darauf hingewiesen, dass diese Art der Ausbildung des Kopfbaus den charakteristischen Unterschied des Gebäudes und zugleich einen Vorzug desselben gegenüber denjenigen Bahnhofsbauten ausmacht, welche – wie die neuen Empfangsgebäude des Süd-Bahnhofs in Wien und des Stettiner Bahnhofs in Berlin – dem Abfahrtsvestibül gleichfalls seine Stelle in der Stirnfront des Gebäudes angewiesen haben. Abgesehen davon, dass die in den architektonischen Orga-

nismus des Hallenbaus hinein gezogenen Vestibüle dort Höhendimensionen erhalten haben, welche ihre Anlage als wenig ökonomisch erscheinen lassen[1] und eine Heizbarkeit dieser Räume so gut wie ausschließen, liegen die Wartesäle und das Ausgangsvestibül dort in den Seitenflügeln und beeinträchtigen durch ihre bedeutende Höhe die Erleuchtung der Halle durch Seitenlicht. Selbstverständlich soll damit in keiner Weise ein Vorwurf gegen die beiden vorgenannten, in ihrer Anordnung durchaus verdienstvollen Bauten geäußert werden, da die Möglichkeit der bei dem hier besprochenen Berliner Neubau gewählten Anordnung wesentlich nur vermöge jener außergewöhnlichen Breite des Kopfbaus sich ergeben hat.

Wir gehen nunmehr auf die Einzelheiten der Anordnung und die Raumverhältnisse des Inneren etwas näher ein, indem wir zunächst dem Hauptraume desselben, der großen Bahnhofshalle, uns zuwenden.

Die Abmessungen derselben betragen in der Länge 167,79 m, in der Breite 60,72 m in der Höhe 19,20 m bis zum Auflager der Dachbinder und 34,25 m bis zum First derselben. Wird die Länge des Raums von vielen, darunter auch von vier unter den älteren Berliner Bahnhofshallen übertroffen, so haben hinsichtlich der für die Wirkung zumeist bestimmenden Breite und Höhe desselben dagegen nur einige englische und amerikanische Bauwerke Ähnliches aufzuweisen; die Höhe der Halle wird nirgends erreicht, größere Breite haben nur die Halle der St. Pancras-

---

1) Das Empfangs-Vestibül des Wiener Süd-Bahnhofs ist allerdings nicht in der vollen Höhe der Halle durchgeführt, sondern durch eine besondere Decke abgeschlossen; der über demselben befindliche Raum ist jedoch eine durch das Programm nicht bedingte Zutat.

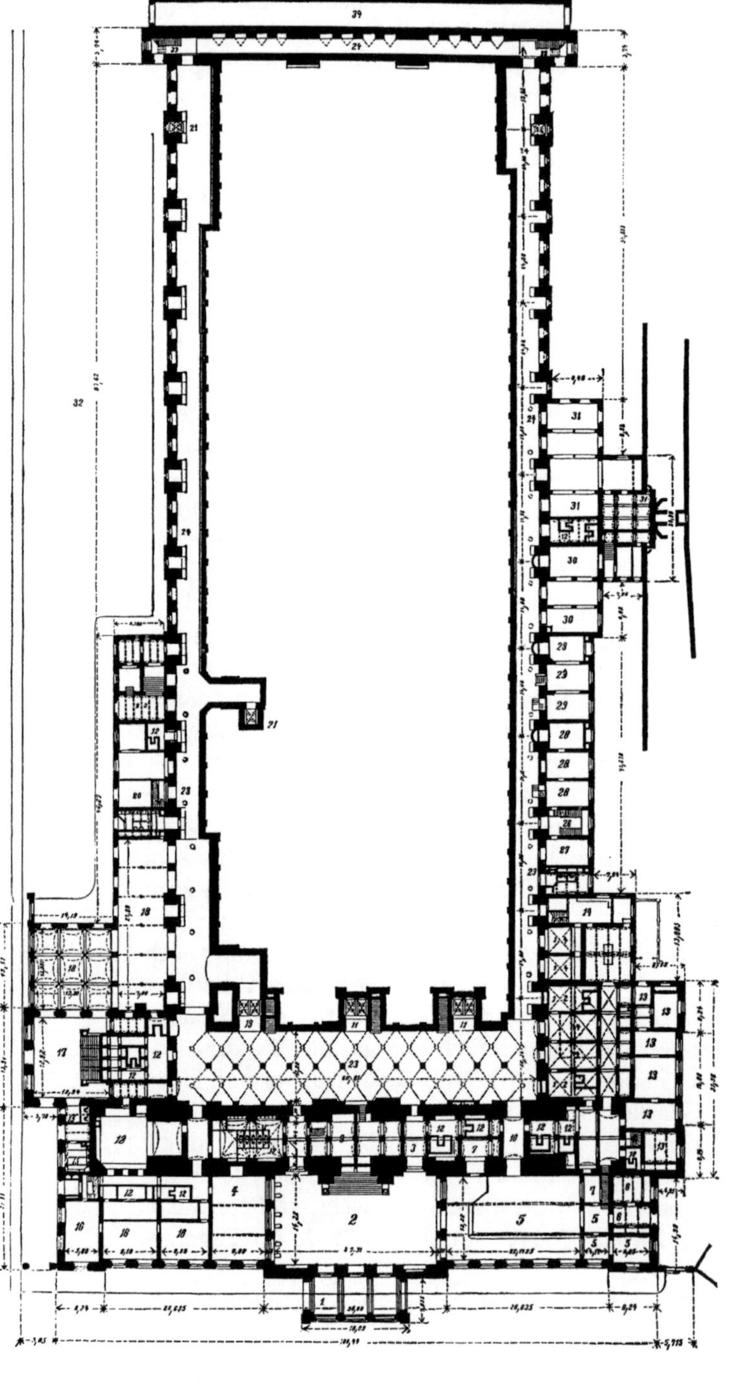



**Abb. 50. Grundriss vom Erdgeschoss.**

1. Unterfahrt.
2. Empfangsvestibül.
3. Portier.
4. Billett-Ausgabe.
5. Gepäckannahme mit Expedition.
6. Zugang zur Gepäckannahme.
7. Kofferträger.
8. Gepäckraum für die Verwaltung.
9. Aufbewahrungsraum für Gepäck.
10. Durchfahrt für die Gepäckwagen zu den Aufzügen.
11. Gepäckaufzüge.
12. Luft-Heizungs-Apparat.
13. Wohnung des Restaurateurs.
14. Wirtschaftsräume f. d. Restaurateur.
15. Klosett-Anlage.
16. Büros.
17. Großes Ausgangs-Vestibül.
18. Gepäck-Ausgabe.
19. Gepäckversenkung.
20. Lampenputzer.
21. Versenkung für die Post.
22. Kleines Ausgangs-Vestibül (ev. f. d. K. K. Hof).
23. Tunnel für die Verwaltung.
24. Tunnel für die Post.
25. Aufzug für die Post.
26. Treppe f. d. Beamten zum Betrieb.
27. Übernachturgslokal f. d. Schaffner.
28. Wohnung des Portiers.
29. Räume für die Verwaltung.
30. Hallenarbeiter.
31. Räume für die Post.
32. Droschkenplatz.
33. Treppe n. d. Perron u. Hallendach.
34. Durchfahrt.

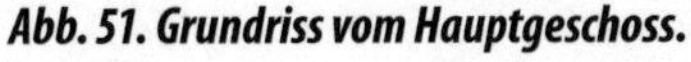

*Abb. 51. Grundriss vom Hauptgeschoss.*

1. Unterfahrt.
2. Empfangs-Vestibül.
3. Hallenartiger Hauptkorridor.
4. Wartesaal III. u. IV. Klasse mit
   Erfrischungsraum u. kl. Speise-Zimmer.
5. Klosett f. Herren u. Waschtoilette.
6. Klosett f. Damen u. Waschtoilette.
7. Wartesaal II. Klasse.
8. Wartesaal I. Klasse u. reserv. Zimmer.
9. Damenzimmer.
10. Speisesaal mit Erfrischungsraum.
11. Treppe nach dem Bodenraum.
12. Telegrafie.
13. Stations-Büro.
14. Stations-Vorsteher.
15. Perrondiener u. Utensileinraum.
16. Raum für Zugführer.
17. Raum für Schaffner.
18. Auffahrt.
19. Vestibül des K. K. Hofes.
20. Empfangssaal f. d. K.K.
    Hof u. Toilett.räume f. d.
    Kaiser u. d. Kaiserin.
21. Vorsaal u. Saal für Ver-
    sammlungen (ev. Warte-
    saal f. d. Lokalverkehr.)
22. Kommissions-Zimmer.
23. Ausgangs-Vestibül.
24. Saal für das erwartende
    Publikum.
25. Polizei.
26. Droschkenhallen-Dach.
27. Dach über der Gepäck-Ausgabe.
28. Droschkenplatz.
29. Gepäck-Aufzug.
30. Gepäck-Versenkung.
31. Versenkung für die Post.
32. Aufzug für die Post.
33. Treppe nach d. Perron u.
    Hallendach.

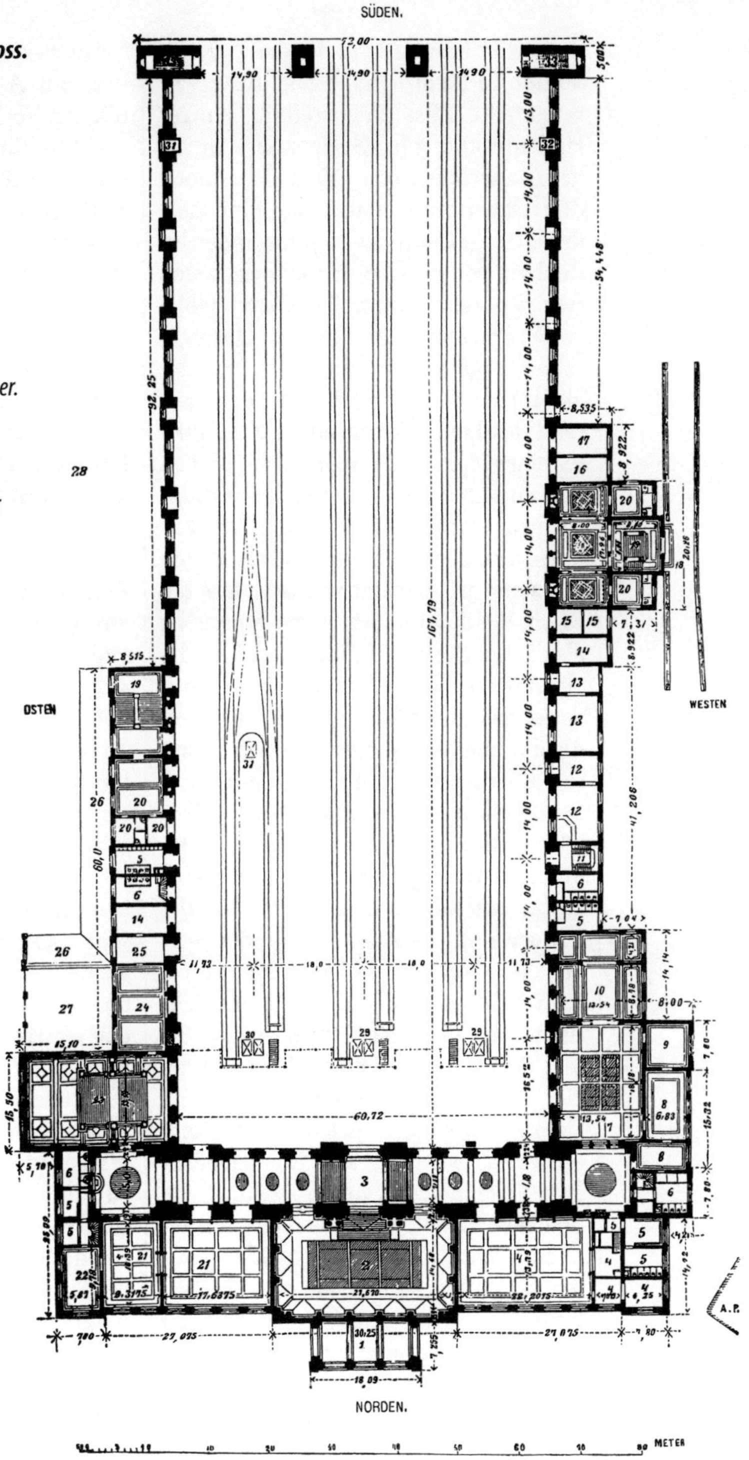

Station in London und die der Zentral-Station in Birmingham. Die in *Abb. 52* mitgeteilte Zusammenstellung einiger Hallenprofile gibt Gelegenheit zu einem anschaulichen Vergleich; noch drastischer freilich war der Eindruck, den man gewann, wenn man in der im Rohbau vollendeten Halle des neuen Anhaltischen Bahnhofes, deren Höhe vorläufig noch um die des Unterge-schosses gesteigert ist, einen Rest der alten Ankunftshalle erblickte, der wäh-rend des Baues die ehrenwerte Funkti-on eines Zementschuppens zu erfüllen hatte und für diesen Zweck keineswegs zu groß erschien. Es mag das Vorstel-lungsvermögen der Leser ferner durch die Notiz unterstützt werden, dass die Breite des Raums um 50 cm größer ist als die der Berliner Linden und dass die Grundfläche desselben fast genau mit derjenigen des Markusplatzes in Vene-dig übereinstimmt, wenn man die Brei-te des letzteren auf die der schmaleren Seite sich reduziert denkt.

Über die architektonische Gestaltung und Konstruktion der Halle wird später zu berichten sein, Es sei hier vorläufig nur erwähnt, dass dieselbe auf der Aus-fahrtseite mit drei riesigen Bögen von je 15 m Weite sich öffnet, der Längsrich-tung nach in zwölf Travéen geteilt ist und durch hohes Seitenlicht von allen vier Seiten, sowie durch eine mittlere Oberlichtöffnung in jedem Dachsystem erleuchtet wird. Es sind in derselben zwei Seitenperrons von je 7,36 m Breite und zwei Mittelperrons von je 8 m Brei-te angelegt, die auf einen ca. 15 m brei-ten Kopfperron münden. An den drei Gruppen von Gleisen, die zwischen den Perrons angelegt werden sollen, können zu gleicher Zeit sechs verschiedene Per-sonenzüge, vier abgehende und zwei an-kommende, Aufstellung finden.

Aus der an der Kopffront des Gebäu-des, am Askanischen Platz, liegenden offenen Vorhalle, die neben dem breiten Trottoir für Fußgänger eine Fahrbahn für Wagen enthält und Raum zur gleich-zeitigen Vorfahrt von drei Droschken gewährt, gelangt man durch drei Türen in das Empfangsvestibül. Dasselbe ist ca. 390 m² groß, reicht bei 16,0 m Höhe durch beide Geschosse und wird durch ein großes Oberlicht, sowie durch drei Rundfenster in den mittleren Stichkap-pen-Feldern der Vorderseite erleuchtet. Ein eigenartiger Reiz ist für das Innere des Bauwerks dadurch gewonnen, dass – wie der *Abb. 53* gezeigte Längen-durchschnitt erkennen lässt – bei dem Eintritt in das Empfangsvestibül sofort ein freier Einblick bis weit in die große Halle und in das Dachwerk derselben sich öffnet.

Auf der linken Seite des Vestibüls sind sechs neben einander liegende Schal-ter für die Billettausgabe angeordnet; mit der letzteren stehen einige weitere Büroräume des Erdgeschosses, zu denen ein besonderer Eingang von der Ost-front führt, im Zusammenhang. Rechts schließt sich dem Vestibül der ca. 310 m² große Raum für die Gepäckannahme an, zu dem gleichfalls einige, auch von der Westfront zugängliche Expeditions-lokal gehören.

Mittels einer breiten, oben in zwei Arme sich spaltenden Treppe steigt man in der Hauptachse des Gebäudes zu der großen Korridorhalle empor, welche als Vorraum der eigentlichen Bahnhofs-Halle die im Obergeschoss des Kopfbaus gelegenen Räumlichkeiten miteinander und mit der Halle verbin-det; vier Türen führen auf jeder Seite di-rekt in die letztere. Sein Licht empfängt der 87 m lange, 7,18 m breite und 13,3 m hohe Raum, dessen architektonische

Wirkung schon jetzt als eine wahrhaft imposante, zu Berlin bisher in ähnlicher Weise noch nicht vertretene, sich geltend macht, teils durch diese Türen, die über denselben liegenden Fensterpaar und das große Mittelfenster, teils durch Oberlicht-Öffnungen in den Deckengewölben, welche in den beiden, zu etwa 12 m² erweiterten Eckfeldern als Flachkuppeln auf Zwickeln, im Übrigen als böhmische Kappen gestaltet sind.

Zu Wartesälen für das abreisende Publikum sind vorläufig allein die auf der rechten Seite des Kopfbaus gelegenen Räume bestimmt, während die an der Vorderfront der linken Gebäudehälfte liegenden Räume, über die bei einer etwaigen späteren Erweiterung des Verkehrs gleichfalls in ähnlicher Weise verfügt werden kann, zunächst zu Verwaltungszwecken dienen sollen. Die Wartesäle, denen eine lichte Höhe von 7–9 m gegeben worden ist, bestehen aus einem 297 m² großen Saal für die IV. und III. Klasse, an den sich ein ›Erfrischungsraum‹ (vulgo Büfett), sowie zwei kleine Speisezimmer anschließen (an der Vorderfront), einem 246 m² großen Saal für die II. Klasse mit einem größeren Speisesaal und Büfett sowie

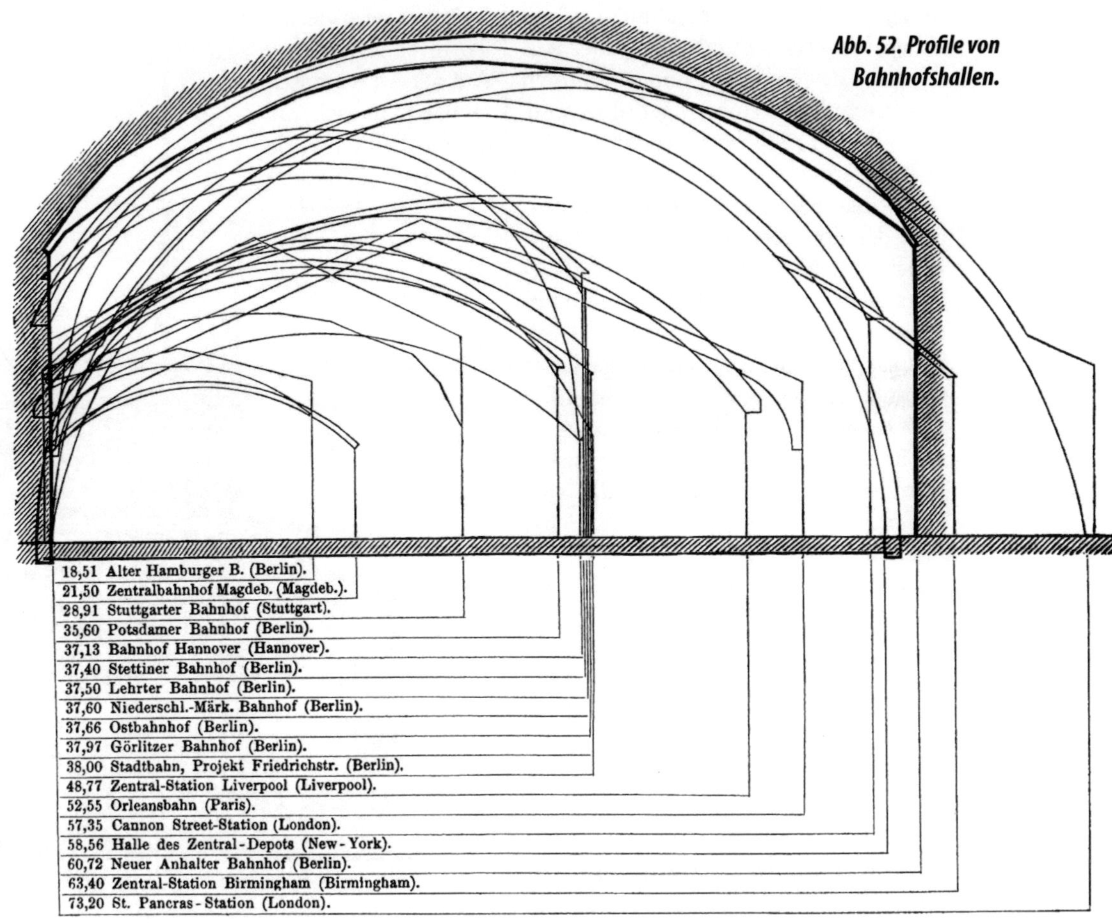

Abb. 52. Profile von Bahnhofshallen.

einem Damenzimmer, einem kleinen Saal für die I. Klasse und einem für einzelne vornehme Persönlichkeiten reservierten Salon. Die Büfetts der einzelnen Säle stehen durch besondere Treppen und Aufzieh-Vorrichtungen mit dem Untergeschoss in Verbindung, welches an dieser Stelle die Wirtschaftsräume nebst der Wohnung des Restaurators enthält. Auf die Lage der einzelnen Klosetts und Waschtoiletten, für die im Gebäude, überall in reichlichster Weise gesorgt ist, braucht wohl nicht besonders aufmerksam gemacht zu werden; hervor gehoben sei nur, dass dieselben – mit der einzigen unvermeidlichen Ausnahme der vom Empfangsvestibül zugänglichen Klosetts – durchweg an der Außenfront des Gebäudes und in Räumen von ansehnlicher Höhe angeordnet sind, also eine vorzügliche Beleuchtung und Lüftung erhalten haben.

Für den Sommer-Verkehr soll übrigens der Kopfperron der großen Bahnhofshalle in ähnlicher Weise als Aufenthaltsraum für das abreisende Publikum benutzt und dementsprechend mit Sitzplätzen und Tischen ausgestattet werden, wie dies auf dem Südbahnhof in Wien geschieht – eine nicht zu unterschätzende Errungenschaft für unsere Norddeutschen Verhältnisse, die sich hoffentlich bewährt und demnächst Nachahmung findet.

Zur linken Seite des Kopfperrons öffnet sich mit drei Türen das ca. 300 m² große Ausgangsvestibül, in welchem eine 7 m breite Treppe zum Niveau des Erdgeschosses hinabführt. Neben demselben ist ein kleiner, sowohl von der Halle wie vom Vestibül zugänglicher Saal für das auf ankommende Reisende wartende Publikum angeordnet. Aus dem unteren Teil des Ausgangsvestibüls führt südlich eine Tür die Fußgänger

auf einem gegen den Wagenverkehr abgeschlossenen Verbindungsweg direkt nach dem Askanischen Platz. Nördlich führen drei Türen nach der 385 m² großen Gepäckausgabe und aus dieser zum Droschkenstand. Das Einsteigen in die Wagen erfolgt unter einem 4,5 m weit überhängenden Schutzdach.

Für die Abfahrt und Ankunft des K. K. Hofes sind, wie auf allen übrigen Bahnhöfen der Residenz, auch hier besondere Räumlichkeiten angelegt worden. Auf der Abfahrtseite liegen, durch eine Rampe zugänglich, ein größerer, durch Oberlicht erleuchteter Salon mit einem Vestibül und zwei für den Kaiser und die Kaiserin reservierten Toilette-Zimmern. Auf der Ankunftsseite hat man sich mit einem kleinen Salon und zwei Toiletten-

räumen begnügt, die an einem, evtl. auch für andere vornehme Persönlichkeiten zu reservierenden, Vestibül liegen. Findet bei außerordentlichen Gelegenheiten ein offizieller Empfang der eintreffenden fürstlichen Persönlichkeiten statt, so sollen die Extrazüge, welche dieselben führen, nach den betreffenden opulenteren Räumen der Ankunftsseite geleitet werden.

Wir haben schließlich noch der für den Betrieb dienenden Räume und Einrichtungen zu erwähnen. Der für die Stationsbeamten, die Zugführer und Schaffner, Perrondiener, Hallenarbeiter, Lampenputzer etc. erforderlichen Büros, bzw. Aufenthalts- und Übernachtungsräume, die in beiden Geschossen der schmalen Seitenflügel neben der Halle verteilt sind, sowie des von der West-

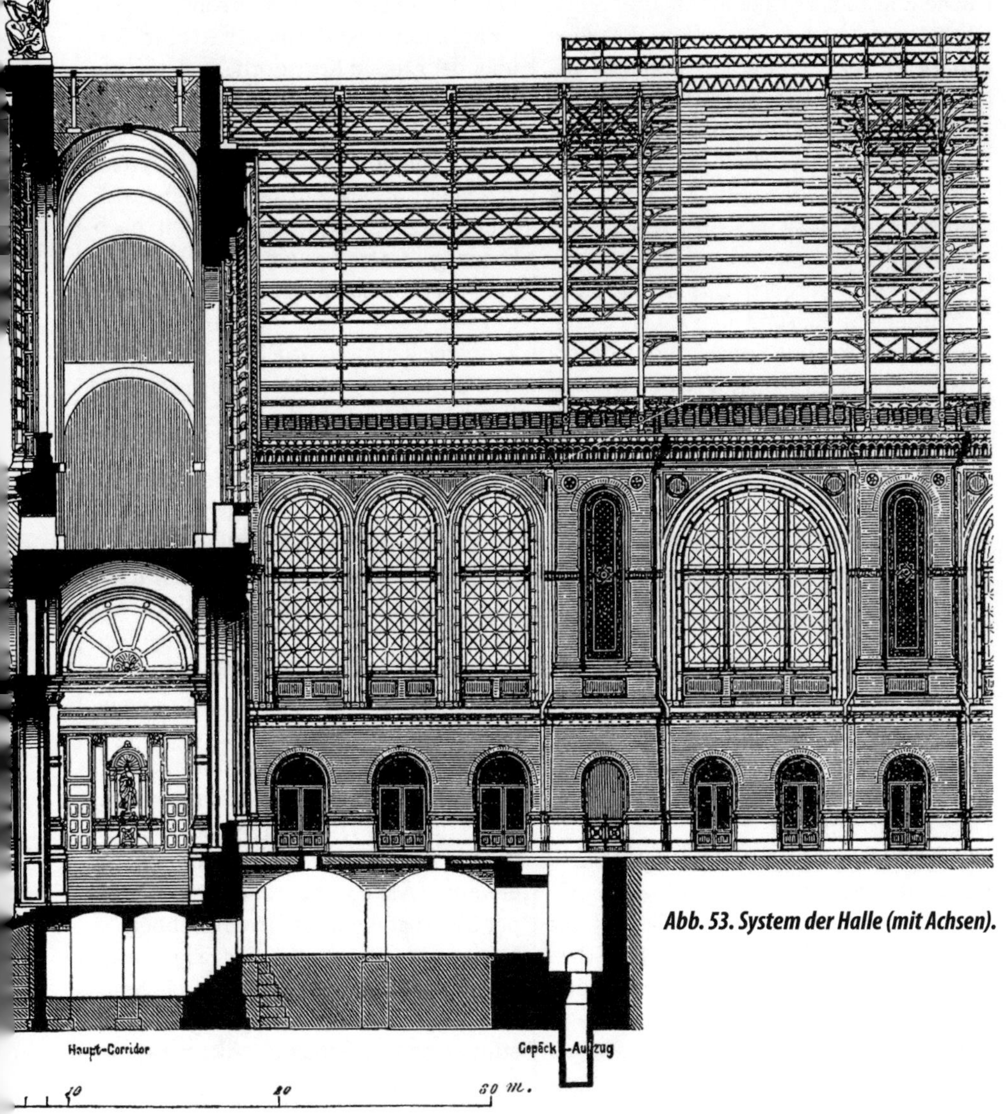



*Abb. 53. System der Halle (mit Achsen).*

front direkt zugänglichen Telegrafen-Büros mag nur beiläufig gedacht werden. Interesse beanspruchen dagegen die für die Gepäck-Expedition und den Postbetrieb projektiven Einrichtungen.

In beiden Fallen ist davon ausgegangen worden, dass sowohl jeder Verkehr von Gepäckwagen oder Gepäckträgern auf den vom Publikum benutzten Perrons unzulässig, wie auch das nachträgliche Einrangieren der an anderer Stelle beladenen Gepäck- oder Post-Waggons in die Personen-Züge zu vermeiden sei. Der gesamte Gepäckverkehr spielt sich daher im Erdgeschoss ab und es werden die an bestimmter Stelle einzuladenden bzw. ausgeladenen Stücke durchweg mittels hydraulischer Aufzüge in das Obergeschoss hinauf, bzw. aus demselben herab befördert. Das Gepäck der abfahrenden Reisenden wird aus dem Annahmelokal auf Karren in den unterhalb des Kopfperrons liegenden, durch Oberlichter in den Gewölbescheiteln erleuchteten Tunnel gefahren, von dort durch die im Grundriss angedeuteten Aufzüge empor gehoben und auf den, zwischen den Abfahrtsgleisen liegenden besonderen Gepäckperrons zur Verladung nach den bzgl. Waggons geschafft. Durch zwei entsprechende Aufzüge gelangt das Gepäck der ankommenden Reisenden von dem zwischen den Ankunftsgleisen liegenden kurzen Gepäckperron nach jenem Tunnel und aus diesem auf kürzestem Wege nach der Gepäckausgabe.

Für die Post, welche im neuen Empfangsgebäude nur ein verhältnismäßig kleines Lokal erhält, da das auf der Westseite des Bahnhofs gelegene besondere Postgebäude von dem Neubau nicht berührt worden ist, sind etwas umständlichere Einrichtungen nicht zu vermeiden gewesen. Die ankommen-

den Stücke derselben, welche – je nach der Stellung des Postwagens im Zug – durch einen zwischen den Ankunftsgleisen oder durch einen am Ende des linken Seitenperrons befindlichen Aufzug nach unten versenkt werden, haben einen Tunnel von bedeutender Länge zu passieren, ehe sie in das Expeditionslokal gelangen; zur Beförderung der abgehenden Poststücke dient ein Aufzug am Ende des rechten Seitenperrons.

Ein Raum eigentümlicher Art hat sich über der großen Korridorhalle des Kopfbaus ergeben, die aus konstruktiven Gründen (um dem nördlichen Abschluss der Halle eine angemessene Steifigkeit zu verleihen) in den Aufbau derselben mit hinein gezogen worden ist – eine nach Innen geöffnete Loggia von Dimensionen, die ebenso riesig sind wie diejenigen der Halle selbst. Praktisch nutzbar kann der Raum natürlich nicht gemacht werden, doch gewährt die Anordnung neben ihrem konstruktiven Zweck noch den ästhetischen Vorteil, das Bild der Halle für die ankommenden Reisenden zu einem besonders wirkungsvollen und monumentalen zu gestalten.

Den vorangegangenen Erörterungen mögen einige Mitteilungen über die architektonische und konstruktive Gestaltung des Bauwerks sich anreihen.

Die allgemeine Gruppierung des äußeren Aufbaues, welche die Vogelperspektive am Artikelanfang anschaulich macht, haben wir schon bei Besprechung der Grundriss-Disposition, aus welcher sie organisch sich entwickelt, flüchtig erwähnt. Als dominierender Hauptkörper überragt der mit einem flachbogigen Dach geschlossene, von vier Eckpylonen eingefasste Hallenbau, der durch seine charakteristische Erscheinung die Bestimmung des Gebäudes allerseits zum entschiedenen Ausdruck bringt, die übrigen Baumassen. An die durch mächtige Pfeilervorlagen gegliederten Längsfronten der Halle schließen sich die zweigeschossigen Seitenflügel mit ihren flachen Pultdächern als schmale Nebenschiffe an; in der Vorderfront legt sich vor sie jener mehrfach genannte Kopfbau — seitlich durch Risalite abgeschlossen und gegliedert, vorn durch den höher geführten Vestibülbau und die Vorhalle wirkungsvoll belebt. Es ist Gegenstand des sorgfältigsten Studiums für den Architekten gewesen, die Höhenmaße dieser einzelnen Teile des Kopfbaues, sowie ihre Gruppierung im Grundriss derartig abzustimmen, dass sie sich sowohl möglichst günstig der Form des Askanischen Platzes anpassen, als auch das Gebäude selbst von den für die Ansicht desselben gegebenen Standpunkten möglichst vorteilhaft zur Erscheinung kommen lassen, ohne die Wirkung des Hallenbaues zu beeinträchtigen.

Von dem architektonischen Detail und den Verhältnissen der Fassaden gibt *Abb. 49* eine Vorstellung, die uns weiterer Beschreibungen überhebt. Die Seitenfronten des Baus sind begreiflicherweise im Detail etwas einfacher gehalten, als die hier dargestellte Kopffront, welcher der Architekt bei der Situation der Anlage die monumentale Repräsentation seines Werks in erster Linie anvertrauen musste; doch entbehren dieselben in ihrem kräftigen Relief und belebt durch die großen Bogenfenster der Halle keineswegs einer mächtigen monumentalen Wirkung. Gleiches gilt von der entgegengesetzten Kopffront, die von den Kanal-Uferstraßen aus sichtbar wird; sie zeigt über den drei großen Bogenöffnungen der unteren Hallenwand ein ähnliches, von neun Fensteröffnungen durchbrochenes Giebelfeld, wie die Vorderfront.

Als Baumaterial für die Fassaden haben in der Hauptsache die Verblendsteine und Terrakotten der Greppiner Werke gedient, für welche die Berlin-Anhalter Bahn bekanntlich den Zufuhrweg nach der Reichs-Hauptstadt bildet; sie zeigen den warmen, gleichmäßigen, tiefgelben Farbenton und den matten Glanz, durch welche dieses vorzügliche Fabrikat sich allgemeine Beliebtheit errungen hat; für einzelne Feldereinlagen – so namentlich für die gemusterten Füllungen, mit denen die breiten Pfeiler der Langseiten geschmückt werden – sollen dunklere, lederfarbige Verblendsteine zur Verwendung kommen. Alle dem Schlagregen ausgesetzten Teile – Sockel, Gurtgesims-Platten, Fenster-Sohlbänke und Abdeckungsplatten der Hauptgesimse – sind von Sandstein angefertigt; das Material hierzu ist überwiegend aus den Velpcker Brüchen in Braunschweig, zum kleineren Teil aus Bernburg bezogen worden. Die Attika-Brüstung, mit welcher die Hauptgesimse der langen Fassaden bekrönt sind, sowie die Pfosten der großen Fenster werden aus Gusseisen hergestellt; die große Figurengruppe, welche den Hauptgiebel der Halle als Akroterie schmückt, soll in Kupfer oder Zink getrieben werden.

Das hohe künstlerische Verdienst dieser Fassadenbildung haben wir bereits in unseren einleitenden Worten hervor gehoben. Es scheint uns dasselbe vor allem in der einfachen, auf wenige große Motive beschränkten, aber gerade darum so klaren und so überzeugend wirkenden Gesamtkonzeption des Bauwerks begründet zu sein, das als ein echt moderner Monumentalbau von durchaus eigenartigem Charakter sich darstellen wird. Aber auch die künstlerische Durcharbeitung der Aufgabe im Einzelnen, bei welcher die Bewältigung des durch die Abmessungen gegebenen riesigen architektonischen Maßstabs mit den Mitteln des Backsteinbaus eine nicht zu unterschätzende Schwierigkeit bildete, verdient fast uneingeschränktes Lob, wenn der Künstler sich gleich in dieser Beziehung von den Fesseln des konventionellen Schemas und der für einen solchen Bau nicht ausreichenden Tradition der Berliner Schule noch nicht durchweg freigemacht hat. Der letzteren gehört z. B. das System der Seitenteile des Kopfbaues mit ihren etwas steifen Arkaden und den für einen Backsteinbau jederzeit störenden Archivolten derselben an, während am frischesten und gelungensten diejenigen Partien erscheinen, bei denen der Künstler – mangels traditioneller Vorbilder – aus dem Charakter des konstruktiven Motivs heraus Eigenes schaffen musste, so vor allem die Ausbildung der Stirnfronten des Hallenbaus.

Zu der Außenarchitektur des Bauwerks steht die Innenarchitektur der großen Halle, welche aus dem mitgeteilten Längen-Durchschnitt ersichtlich ist, in engster Beziehung. Wie die Detailformen der Abschlusswände denen der Fassade entsprechen, so ist auch das Material identisch mit dem dort verwendeten – nur dass hier Rochlitzer Sandstein gewählt worden ist. Für den ästhetischen Eindruck der Halle wird vor allem die Zerlegung derselben in eine kleinere Anzahl großer Systeme und der mächtige Maßstab, welcher den Pfeilern und Fenstern dieser Systeme gegeben worden ist, sich günstig erweisen – Vorzüge, die bekanntlich zuerst bei dem Meisterwerk von Wanner in Zürich zur entschiedenen Geltung gelangt sind. Auch dass das Licht dem Räume fast ausschließlich durch die Öffnungen in den Wänden zugeführt wird, während die geschlossene Decke nur durch ein einzelnes Oberlicht in jedem System durchbrochen wird, dürfte von bestem Einfluss sein. Dagegen vermögen wir uns über die architektonische Wirkung des Dachwerks selbst noch kein bestimmtes Urteil zu bilden.

Wir haben zunächst die Konstruktion desselben zu erwähnen, aus welcher sich ergibt, warum den Stirnwänden der Halle an sich selbst ein solches Maß von Steifigkeit gegeben werden musste. Das Dach wird getragen von elf in 14,0 m Achsweite angeordneten Bindersystemen, gebildet aus je zwei 3,5 m von einander entfernten Bogen-Fachwerkträgern, deren Horizontalschub durch stählerne Zugstangen aufgenommen wird. Wie die beigefügte Skizze eines Quer-Durchschnitts durch das Hallendach und eines Teils vom Längen-Durchschnitt desselben unterhalb der Laterne ersichtlich macht, besteht jeder Träger aus zwei, bis auf die beiden Endfelder parallelen, parabolischen Gurtungen in 2 m Abstand der Mittellinien; die Auflager und der Scheitel der oberen Gurtung sind mit Gelenken versehen. Die zu einem System gehörigen Träger haben in je 3,5 m Entfernung Querverbindungen erhalten, die nach beiden Seiten konsolartig fortgesetzt sind; über dieselben sind Sattelhölzer von 1 m Ausladung gestreckt, so dass die lichte Entfernung zwischen zwei Systemen auf 5 m eingeschränkt ist. Dieselbe wird, unter Verzicht auf einen Längenverband in Eisenkonstruktion, von den auf die Sattelhölzer befestigten hölzernen Pfetten überdeckt, welche direkt das verzinkte Wellblech des Dachs tragen. Zur Entwässerung des flachen Mittelteils ist dem Dach eine leichte Laterne aufgesetzt, welche die vorerwähnten 14 m langen, 7 m breiten, zugleich zur Ventilation und Abführung des Dampfes dienenden Oberlichter aufnimmt.

Es darf als sicher angenommen werden, dass das Fehlen eines eisernen Längenverbandes, der in anderen Fällen dazu beiträgt, das Bild der sich kreuzenden Konstruktionsteile eines derartigen Dachwerks erst recht verwirrend zu gestalten, für die Erscheinung des hier besprochenen sich günstig erweisen wird; ob die Träger selbst genug Körper zeigen werden, um gegenüber dem Maßstab der Wandarchitektur zur ästhetischen Geltung zu kommen, kann nur der Augenschein lehren.

Über die dekorative Behandlung der Hallendecke durch Farbe ist übrigens bis jetzt noch eben so wenig eine Entscheidung getroffen worden, wie über die Lösung der für jeden mit sichtbarer Eisenkonstruktion überdeckten Raum wichtigsten Frage, wie die Verbindung der eisernen Träger mit den tragenden Mauerkörpern ästhetisch zu vermitteln sei.[1]

Wir zweifeln nicht daran, dass dem Architekten die Mittel bewilligt werden, um sein schönes Werk auch in dieser Beziehung würdig ausstatten zu können, und hoffen, dass es ihm gelinge, eine befriedigende Lösung der schwierigen Aufgabe zu finden.

Über die architektonische Gestaltung der übrigen Innenräume lässt sich zurzeit nur wenig berichten, da die vorliegenden Entwürfe nur als Skizzen zu betrachten, die Detailzeichnungen dagegen noch im Entstehen begriffen sind. Die künstlerische Anlage derselben, durchweg für eine im Sinne der Berliner Schule behandelte, volle Renaissance-Architektur berechnet, lässt das Beste erwarten, wenn die Dekora-

1) Da dieser Beitrag ursprünglich vor der Fertigstellung des Empfangsgebäude erschienen ist, lagen dem Verfasser diese Informationen noch nicht vor. Siehe hierzu Seite 38 und 80.

tion, der ›knappen Zeit‹ entsprechend, auch in mäßigen Grenzen sich bewegen muss. Echtes Material – und zwar Marmor- und Stuckbekleidung in den Vestibülen und der Vorhalle, Holzwerk in den Wartesälen – soll durchweg da zur Anwendung kommen, wo die starke Abnutzung der Räume dies auch als eine ökonomische Maßregel rechtfertigt; im übrigen wird natürlich von der üblichen Stuckdekoration und Malerei Anwendung gemacht werden. Was in dieser Beziehung vorläufig noch unterlassen wird, kann ja späterhin noch immer nachgeholt werden. Namentlich wünschten wir, dass die große Korridorhalle des Hauptgeschosses dereinst den Schmuck monumentaler Wandgemälde erhalte, die in diesem herrlichen Raum nicht allein trefflich zur Geltung gelangen, sondern an einer solchen, täglich von Tausenden besuchten Stelle auch den nachhaltigsten Einfluss auf die künstlerische Erziehung des Volkes ausüben würden – einen nachhaltigeren und größeren Einfluss jedenfalls, als sämtliche für Museen bestellte oder in schwer zugänglichen Sälen ausgeführten Bilder.

Mit der Notiz, dass die Heizung des Gebäudes durch erwärmte Luft erfolgen soll und dass in Verbindung mit derselben durchweg für eine kräftige Ventilation der Innenräume gesorgt wird, wollen wir diese Bemerkungen abschließen, um noch einigen Mitteilungen über die bei dem Bau beteiligten Persönlichkeiten, über einzelne Details der Ausführung und über die Baukosten uns zuzuwenden.

Dem Autor des Entwurfs, Franz Schwechten, liegt, wie schon erwähnt, zugleich die künstlerische Oberleitung der Ausführung, die Ausarbeitung sämtlicher Bau- und Detailzeichnungen und die Anordnung der künstlerischen Ausschmückung des Gebäudes ob. Die Entscheidung der für die Ausführung maßgebenden Fragen erfolgt, bei der Bedeutung des Baues, selbstverständlich unter ständiger Mitwirkung der obersten technischen Beamten der Eisenbahngesellschaft, des stellvertr. Direktors Siegert, und des für die Oberleitung sämtlicher Bahnneubauten verantwortlichen Oberingenieurs Wiedenfeld. Die eigentliche technische und geschäftliche Leitung der Bauausführung ist dem Baumeister Sillich übertragen, als dessen Assistent der Baumeister Küster fungiert. Die Berechnung der Hallen-Dachkonstruktion, sowie der Entwurf zu den hydraulischen Aufzügen ist in dem vom Baumeister Lantzendörffer geleiteten Büro der Bahngesellschaft durch den Ingenieur Seidel erfolgt.

Als Unternehmer für die Maurerarbeiten haben die Maurermeister R. Krebs und G. Borstell sowie der Baumeister Lauenburg, als Unternehmer für die Zimmerarbeiten die AG f. Bauausführungen (vorm. Strauch) und der Zimmermeister F. W. Hesse an dem Bau teilgenommen. Die Eisenkonstruktion des Hallendachs ist von der ›Gutehoffnungshütte‹ zu Oberhausen an der Ruhr geliefert worden. Die Modelle zu den Terrakotten hat der Bildhauer Thomas angefertigt; die krönende Mittelgruppe des vorderen Hallengiebels ist dem Bildhauer Hundrieser, der Figurenschmuck der Uhr auf dem Vestibülbau dem Bildhauer Brunow übertragen.

Was den Baubetrieb betrifft, so ist zu erwähnen, dass bei demselben Maschinenkraft ausgedehnte Anwendung gefunden hat. Der Mörtel ist mittels einer Mörtelmaschine hergerichtet, der Transport der Baumaterialien auf die Rüstungen ist durch zwei Fahrstühle und auf den Rüstungen selbst mittels schmaler, durch gusseiserne Drehscheiben verbundener Gleise erfolgt. Interessant war die Aufstellung der Binder des Hallendaches, welche nach einer bisher nur bei Brücken und kleineren Dächern angewendeten Methode derart bewirkt wurde, dass je zwei Bindersysteme gleichzeitig am südlichen Ende der Halle, auf einem dort angebrachten Holzgerüst montiert und dann von dort auf Gleisen, die auf der Mauerkrone gestreckt waren, an ihren Aufstellungsort gefahren wurden. Die Binderenden ruhten hierbei auf je zwei achträdrigen Wagen, die durch Gitterträger miteinander verbunden, von Arbeitern mittels zweiarmiger, mit Klinken in Scheerräder eingreifenden Hebeln vorwärts bewegt wurden.

Die Gesamtkosten des Baus lassen sich zurzeit noch nicht in einer genauen Ziffer angeben, doch ist zu übersehen, dass sich dieselben innerhalb des auf 4,5 Mill. Mark[1] festgesetzten Kostenanschlags halten werden – ein Resultat, das bei dem Umfang des Baus wohl als ein günstiges bezeichnet werden darf – ebenso wie diese Summe gegenüber der Bedeutung desselben gewiss nicht als hoch erscheint.

Es fehlt freilich nicht an Stimmen, welche die Verwendung eines solchen Betrages für einen derartigen Bau als eine ungerechtfertigte Verschwendung bezeichnen und dafür plädieren, dass derselbe als reiner Bedürfnisbau mit Vermeidung jedes Luxus, dementsprechend also mit einem Minimum an Mitteln und Kosten, ausgeführt werden solle. Wir wollen mit diesen Sparsamkeits-Aposteln, die in den Kreisen der Geldbewilliger – Aktionäre, Stadtverordneten und Volksvertreter – meist ein ziemlich gefügiges Echo finden,

1) rund 52 Mill. € in 2021.

nicht rechten, da es im Prinzip ja doch lediglich auf die Frage ankommt, wo die Grenze zwischen Bedürfnis und Luxus zu ziehen ist. Wie die Menschheit, auf einem gewissen Stadium der Kultur angelangt, in Bezug auf ihre persönlichen Bedürfnisse mit den Anschauungen des wackeren Vaters der kynischen Philosophie sich nicht mehr befreunden konnte und kann, so werden auch alle diejenigen, welchen die Bedeutung der monumentalen Kunst für die Kultur der Menschheit klargeworden ist, es nicht als einen verwerflichen, sondern als einen edlen und nützlichen Luxus anerkennen, wenn die größten baulichen Aufgaben unserer Zeit im Stil monumentaler Kunst behandelt werden. Und wer wollte leugnen, dass das Gebäude, in welchem eine Völkerstraße von dem Rang der Berlin-Anhaltischen Eisenbahn im Herzen der deutschen Reichshauptstadt ausmündet, zu diesen Aufgaben zählt!

Lassen wir die Eiferer poltern und freuen wir uns der Tatsache, dass die Vorstände und Aktionäre der Berlin-Anhaltischen Eisenbahn eine größere Gesinnung gehegt, dass sie die Pflicht, die Würde ihres Unternehmens zu wahren, empfunden haben. Möge ihr Beispiel weiterhin sich fruchtbar erweisen! ❐

*Gleishalle des Anhalter Bahnhofs. Foto: Hermann Rückwardt, 1881.*

*Vestibül des Empfangsgebäudes.*

*Kopfperron. Foto: Hermann Rückwardt, 1881.*

*Kaiserlicher Wartesaal.*

# Das neue Empfangsgebäude

## – Nachtrag –

DEUTSCHE BAUZEITUNG • 11.12.1880

Das am 15. Juni 1880 dem Betrieb übergebene neue Empfangsgebäude der Berlin-Anhalter Eisenbahn-Gesellschaft hat in diesem Blatte bereits vor nahezu 2 Jahren eine eingehende Darstellung gefunden. Es handelt sich demnach gegenwärtig nur darum, unsere frühere Besprechung durch eine kurze Würdigung derjenigen Momente zu ergänzen, die bei dem damaligen Stand des Baus noch nicht genügend beurteilt werden konnten.

Was das Äußere des Gebäudes betrifft, so bestätigt der Eindruck des fertigen Werks im Allgemeinen das, was der Entwurf versprach. Es imponiert nicht bloß durch seine Massen und durch die vollendete Sorgfalt seiner technischen Herstellung, sondern kommt vor allem als ein klarer künstlerischer Organismus zur Geltung. Was die Wirkung im einzelnen etwas abschwächt, wie es auch den Maßstab des Gebäudes herab drückt: das ist das etwas zu dünne, mit der Stein-

Architektur nicht recht zusammen gehende eiserne Pfostenwerk der großen Fenster-Öffnungen; einige probeweise mit Terrakotten-Maßwerk versehene Fenster auf der rechten Seite des Kopfbaues zeigen, welche Wirkung sich mit diesem hätte erzielen lassen. Einheitlicher und darum großartiger als die Vorderfront des

Baues erscheint übrigens die hintere Ansicht derselben vom Bahnhof aus, deren Abbildung wir unserem diesmaligen Artikel beifügen. Auch die gemauerte Akroterie, welche diesen Hallengiebel krönt, möchten wir in ihrer Wirkung der Figurengruppe des Vordergiebels vorziehen; die letztere ist entschieden etwas zu klein geraten und steht in starkem Missverhältnis zu dem Maßstabe der Figuren an der den Vorbau bekrönenden Uhrgruppe. Selbstverständlich sind dies geringfügige Ausstellungen, welche den Wert des Werks im ganzen weder beeinträchtigen können noch sollen.

Außerordentlich günstig hat sich der farbige Eindruck des Baues dadurch herausgestellt, dass neben dem tiefen Gelb der Verblendsteine und Terrakotten und dem Lederbraun der Einlagen noch das hierzu trefflich abgestimmte Grün der durchscheinenden (mit Rohglas geschlossenen) Hallenfenster zur Geltung kommt.

Im Inneren des Gebäudes ist es vor allem die Erscheinung der großen Halle über die wir zu berichten haben. Die riesigen Abmessungen derselben sind nach Vollendung des Baus weit weniger auffällig, als man glauben sollte, zumal die Halle im Verhältnis zu ihrer Breite kürzer ist als andere; erst von der Höhe der Galerie wird man der Größe des Raums sich voll bewusst. Ihrem ästhetischen Eindrucke nach hat die Halle, die auf sie gesetzten, nicht geringen Erwartungen noch übertroffen und zwar wesentlich durch die einfache aber außerordentlich geschickte Dekoration, die der Architekt der Decke zu geben gewusst hat. Wellblech und Pfetten sind nämlich mit einem weißen Anstrich versehen und werden durch breite, hinter den Gurtungen der Doppelbinder und zwischen diesen angeordnete blaue Querstreifen,

*Abb. 54. Ansicht vom Bahnhof aus.*

die durch einen unteren Horizontalstreifen verbunden sind, in Felder geteilt, die dem System der Hallenwände entsprechen. Hierdurch ist nicht bloß ein klarer Zusammenhang zwischen Decke und Wand hergestellt, sondern es ist dem dünnen, in grauer Farbe gehaltenen Eisenwerk der Binder durch jene Streifen auch ein Hintergrund gegeben, der ihren Eindruck bis zu jener Bedeutung verstärkt, welchen man von den tragenden Gliedern eines so mächtigen Deckenwerks verlangt. Auf eine ästhetische Verbindung der Binder mit dem Mauerwerk ist verzichtet worden, doch macht sich dieser Mangel in Wirklichkeit kaum fühlbar, da das Auflager hinter dem Gesimsvorsprung zurückliegt und die Decke zufolge jener Dekoration im Wesentlichen doch als ein Ganzes in die Erscheinung tritt.

Hinter unseren Erwartungen zurück geblieben ist die Kopffassade der Halle mit ihrer offenen Loggia; die kurzen (wie wir glauben, entbehrlichen) Versteifungsbögen zwischen den tragenden Pfeilern der äußeren und der inneren Giebelwand wirken hier leider gar zu ungünstig und verwirrend.

Unter den übrigen Räumen des Inneren ist es die große vor dem Kopfperron liegende Korridorhalle, deren Wirkung wir hier nochmals als eine ganz einzig dastehende, unvergleichliche hervor heben müssen, wenn ihre dekorative Ausstattung auch zunächst noch eine sehr schlichte, in den beiden größeren Endräumen sogar etwas dürftige ist. Weniger die Sucht zu sparen als die Hast, mit der die Fertigstellung des Baus beschleunigt wurde, haben es, hier wie in den Wartesälen, veranlasst, dass der Architekt seine ursprünglichen Dekorationsabsichten wesentlich einschränken musste. Künstlerischer Luxus ist lediglich in den für den Aufenthalt bzw. Empfang des K. K. Hofes bestimmten Räumen entfaltet worden. Letzteren sowie dem Wartesaal II. Klasse und dem Speisesaal tut ihre – im Vergleich zu den Vorräumen und der Halle – geringe Höhe, die ohne eine Schädigung des ganzen Organismus nicht wohl gesteigert werden konnte, einigen Eintrag. ❐

# Der Werkstätten-Bahnhof

## bei Tempelhof

DEUTSCHE BAUZEITUNG • 25.10.1879

Bei der ursprünglichen Anlage des Bahnhofs Berlin der Berlin-Anhaltischen Eisenbahn, zu Ende der 1830er Jahre, wurden die Zentral-Reparaturwerkstätten der Bahn in einem Gebäude-Komplex in Gemeinschaft mit dem Personen- und Güterbahnhof auf dem der Gesellschaft gehörigen, zwischen dem Landwehr-Kanal und dem Askanischen Platz liegenden Terrain untergebracht.

Die Größe jener älteren Räumlichkeiten erwies sich bald als unzureichend, und es mussten alsdann viele Reparaturen in den Filial-Werkstätten, zum Teil sogar in fremden Wagenbauanstalten außerhalb Berlins bewirkt werden, da man die entsprechende Erweiterung erst in Verbindung mit dem bevorstehenden vollständigen Umbau der ganzen Berliner Bahnhofsanlage zur Ausführung zu bringen dachte. Da das Bedürfnis indes immer dringender wurde, und da der Beginn des Bahnhofsumbaus sich von Jahr zu Jahr hinaus zog, so führte man in den Jahren 1870 und 1871 eine Erweiterung der Werkstätten dadurch herbei, dass man für einen Teil der Wagenreparatur provisorische Gebäude auf einem Terrain südlich des Landwehrkanals an der Möckernstraße errichtete.

In der Folgezeit sind dann mehrere Projekte zur Ermittlung einer passenden Gelegenheit für die Werkstätten bearbeitet worden, da die mit dem Umbau des Bahnhofs verbundene Höherlegung der Gleise auf dem Innenbahnhof um ca. 3,6 m es nicht gestattete, die bisher von den Werkstätten eingenommenen Terrains zu einer Vergrößerung derselben zu benutzen. Teils war es unmöglich, von der alten Stelle aus eine bequeme Gleisverbindung nach den neuen Hauptgleisen zu schaffen, teils auch war das alte Terrain kaum genügend für das nächste Bedürfnis, geschweige denn für eine künftige Erweiterung. Es wurde darum schließlich nach reiflichen Vorarbeiten ein größeres Grundstück, etwa 4 km vom Personen-Bahnhof und außerhalb der Berliner Ringbahn, welches sich an das für den hier ebenfalls zu etablierenden Rangier- und Übergabe-Bahnhof bestimmte Terrain anschließt, als Terrain für die neue Werkstättenanlage gewählt und akquiriert. Dieses Terrain, welches insgesamt nahezu 1 km² Fläche umfasst, bietet eine ausreichende Größe nicht bloß für die nächsten Bedürfnisse, sondern auch für eine etwa erforderlich werdende erhebliche künftige Vergrößerung der Werkstättenanlage.

Die Lage des Terrains zu den Hauptgleisen ist nicht gerade günstig, weil die Hauptachse des Terrains die Bahnachse unter einem solchen Winkel schneidet, dass sämtliche Zufahrtgleise zu den Werkstätten sehr scharfe Kurven, bis zu 180 m Radius, erhalten mussten. Es hat nicht geringe Schwierigkeiten verursacht, die Werkstattgebäude so anzuordnen und zu legen, dass dieselben vom Rangier-Bahnhof aus bequem, ohne Benutzung von Drehscheiben erreicht werden können. Anderseits ist indes auch der besondere Vorzug nicht zu verkennen, welchen die Lage des Werkstätten-Bahnhofs gerade an der gewählten Stelle besitzt und der darin besteht, dass zur Vermittelung des Verkehrs von und nach der Verbindungsbahn an dieser Stelle ohnehin eine Bahnhofsanlage hätte ausgeführt werden müssen, welche von allen Zügen die von Berlin aus-

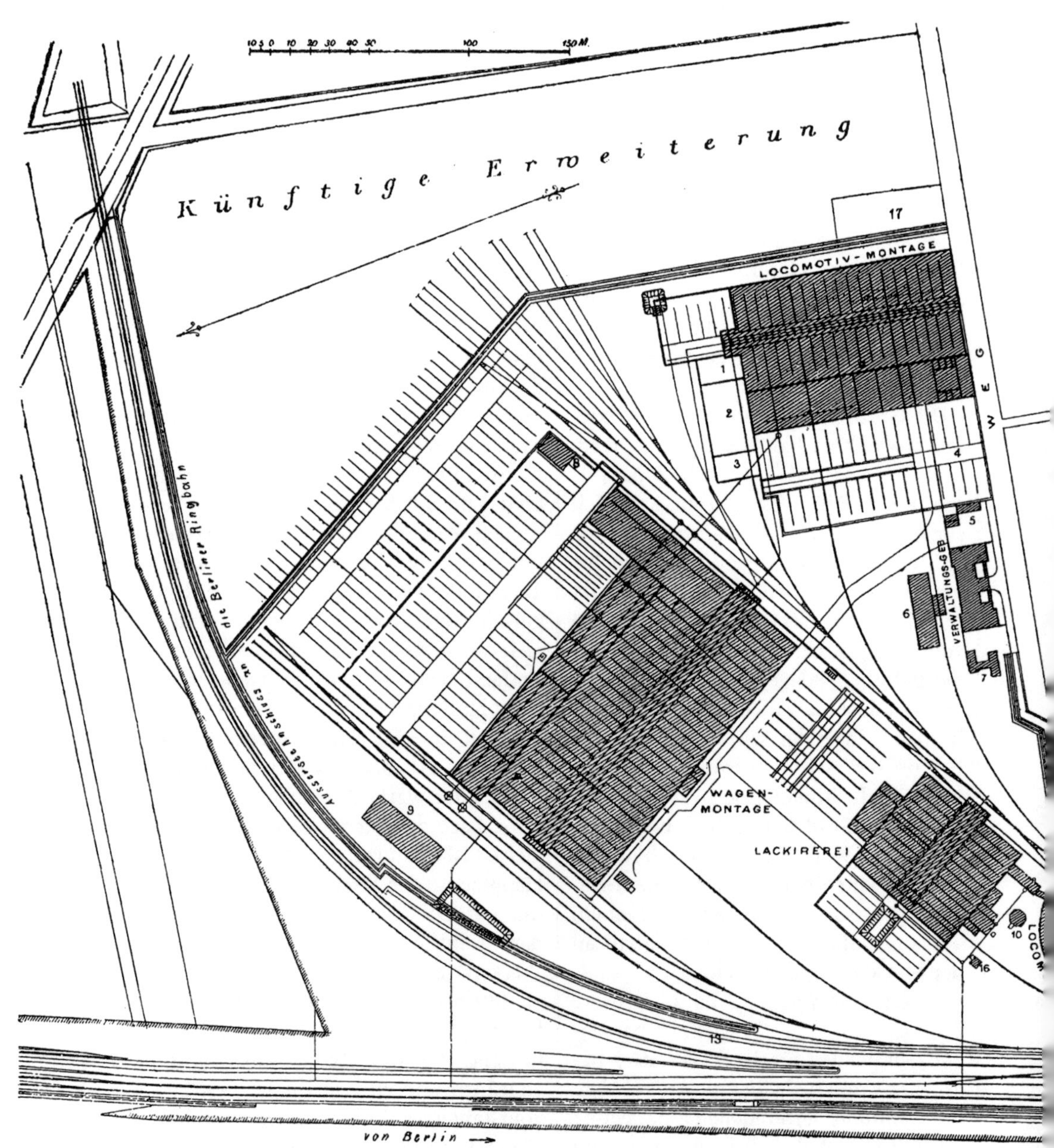

gehen, bzw. die nach dort einlaufen, zu passieren ist.

Der weiterhin folgenden speziellen Beschreibung des eigentlichen Werkstätten-Bahnhofs wird eine kurze Beschreibung des Rangier-Bahnhofs vorauszuschicken sein, von dessen Gleisanlagen nur ein relativ geringer Teil auf dem beigefügten Situationsplan zur Darstellung gebracht werden konnte.

Es war für die Gleisedisposition des Rangier-Bahnhofs die Absicht maßgebend, dass alle ankommenden Züge hier geteilt, alle abgehenden hier zusammengestellt und geordnet werden sollen, und es sollte ferner von hier aus auch der Anschluss an die Berliner Ringbahn erfolgen. Dieser Anschluss sollte so bewirkt werden, dass evt. ein direkter Übergang ganzer Züge von der Berlin-Anhaltischen Eisenbahn auf die Ringbahn und umgekehrt stattfinden könnte.

Für die angegebenen Zwecke sind zunächst am südlichen Ende des Bahnhofs *(rechte Seite Abb. 55)* zwei Güterzuggleise von den Hauptgleisen der Bahn abgezweigt und durch den Rangier-Bahnhof nach dem Güter-Bahnhof in der Stadt fortgesetzt worden. Es schließt sich an diese Güterzuggleise eine Gruppe von sechs längeren Gleisen, die zum Rangieren der ankommenden Züge und zum Aufstellen einzelner Züge, bzw. einzelner Zug-Abteilungen bestimmt sind, an. Eine zweite Gruppe, bestehend aus fünf kürzeren Gleisen, ist zum Ordnen der abgehenden Züge bestimmt, während eine dritte, aus zwei Gleisen bestehende Gruppe speziell zur Vermittlung des Verkehrs mit und nach dem Werkstätten-Bahnhof, welcher sich am nördlichen Ende dem Rangier-Bahnhof anschließt, dient, wozu in der Nähe eines, im Situationsplan *Abb. 55* unter *Ziff. 15* angegebenen Dienstgebäudes eine englische Weiche eingelegt ist. Das Terrain, welches der Werkstätten-Bahnhof einnimmt, wird westlich von den oben erwähnten Güterzuggleisen der Bahn, nördlich von dem Verbindungsgleis nach dem Bahnhof Tempelhof der Berliner Ringbahn,

**Abb. 55.**
**Situations-Skizze des Werkstätten-Bahnhofs.**

*1, 2, 3, 4. Zukünftige Erweiterungen*
    *der Lokomotiv-Reparatur.*
*5. Verwaltungs-Gebäude.*
*6. Haupt-Magazin.*
*7. Wirtschafts-Gebäude.*
*8. Eisen-Magazin, demnächst in*
    *die vorgesehene Erweiterung der*
    *Wagen-Reparatur fallend.*
*9. Holzschuppen.*
*10. Wasserturm.*
*11. Kohlenbühne.*
*12. Kohlenhof.*
*13. Später auszuführender Rangierkopf.*
*14. Perron.*
*15. Dienst-Gebäude.*
*16, 16. Waschräume und Toiletten.*

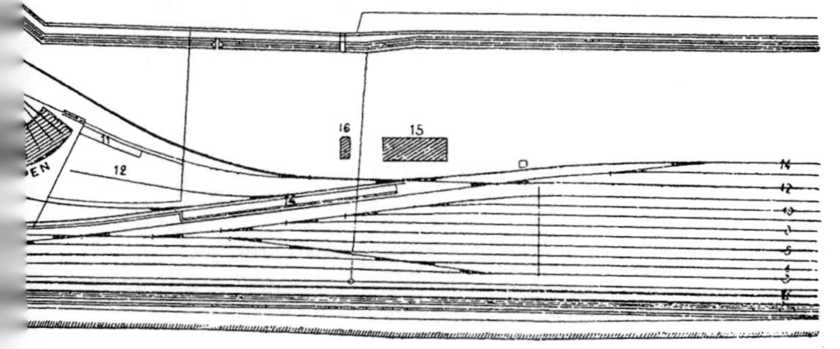

und an der Ost- und Südseite von einem Kommunalweg begrenzt. Höhenlage und Oberflächen-Beschaffenheit des Terrains waren derartig, dass die erforderlichen Erdarbeiten in sehr mäßigen Grenzen blieben. Die sandige Beschaffenheit des Baugrundes, verbunden mit einer nicht unbedeutenden Tiefenlage des Grundwasserstandes, schloss schwierige und kostspielige Fundamentierungen und künstliche Entwässerungsanlagen gänzlich aus; die Entwässerung wird – wenigstens vorläufig – durch oberirdische Leitungen und Sammlung des Wassers in offenen Gräben sowie einigen so genannten Schwindgruben bewirkt.

Weniger einfach haben sich die Anlagen zur Wasserversorgung des Bahnhofs gestaltet. Da die oberen Terrainschichten Wasser mit reichlichen Anteilen von schwefelsaurem Kalk führen, so hat man einen Röhrenbrunnen zu beträchtlicher Tiefe absenken müssen, welcher in nicht mehr gipshaltige Wasserschichten hinab reicht und den gesamten Wasserbedarf der Anlage liefert. Das Wasser wird durch eine Dampfmaschine (die zugleich zum Betriebe einer Farben-Reibmaschine in der Lackiererei eingerichtet ist) in ein eisernes Reservoir gehoben, welches mit Rücksicht auf Feuerlöschzwecke einen Fassungsraum von $102\,\text{m}^3$ und eine Höhenlage von $18\,\text{m}$ über Schienen-Oberkante erhalten hat. Von

**Abb. 56. Grundriss der Wagen-Reparatur.**

1. Montageraum.
2. Schmiede.
3. Dreherei.
4. Stellmacherei.
5. Holzschuppen.
6. Kesselhaus.
7, 7. Dampfmaschinen.
8, 8, 8. Büros.
9, 9. Kohlenräume.
10. Magazin f. d. Dreherei.
11. Durchgang.
12. Klempnerei.
13. Magazin.
14. Raum z. Reinigung der Achsbuchsen.

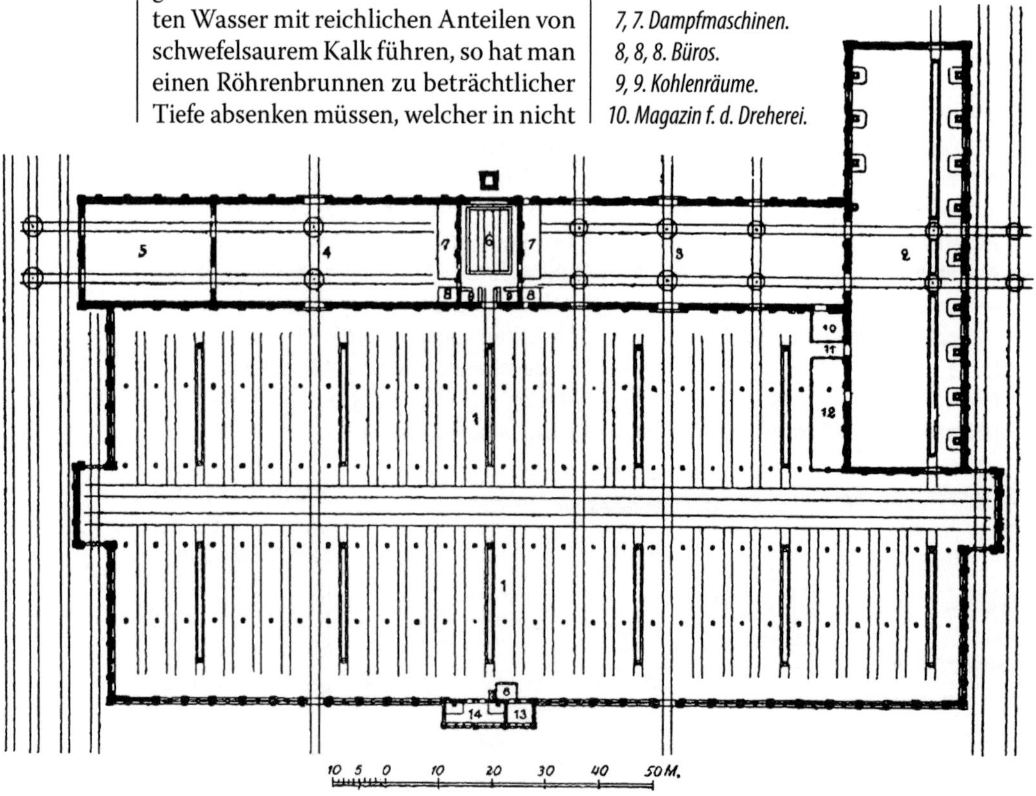

demselben aus verteilt sich das Wasser durch ein Röhrennetz zu den verschiedenen Verbrauchsstellen, unter welchen einer größeren Anzahl von Hydranten zu gedenken ist, welche außerhalb der Gebäude angeordnet sind.

Bestimmend auf die Gleisdisposition des Werkstätten-Bahnhofs, sowie auf die Gebäudegruppierung waren folgende Bedingungen:

1. sollte eine vollständige Trennung der Wagenreparatur-Werkstatt von der Lokomotiv-Reparaturwerkstatt durchgeführt werden, aus dem Grunde, dass hierdurch eine große Übersichtlichkeit in der Verwaltung erreicht wird;
2. sollten die Werkstätten mit möglichst vielen Gleisen direkt, ohne Zuhilfenahme von Drehscheiben zugänglich gemacht werden;
3. sollte eine möglichst vorteilhafte Ausnutzung des gegebenen Terrains stattfinden und:
4. eine etwa nötig werdende, spätere Erweiterung der Werkstätten in leichter Weise möglich bleiben.

Um diesen Bedingungen zu genügen, sind die Wagen-Reparaturwerkstatt und die Lokomotiv-Werkstatt als besondere Gebäude aufgeführt, und ist erstere auf dem nördlichen, letztere auf dem südlichen Teil des gegebenen Terrains erbaut worden, während zwischen beiden die Haupt-Zufahrtgleise angeordnet sind.

Die Wagen-Reparaturwerkstatt umfasst zwei getrennte Gebäude: die eigentliche Reparaturwerkstatt und die Lackiererei. Jedes dieser Gebäude ist durch Gleise direkt zugänglich; nach der Wagen-Reparatur führen vier und nach der Lackiererei zwei Gleise. Der direkte Zugang zur Lokomotiv-Reparatur wird durch drei Gleise vermittelt.

Um der Bedingung einer vorteilhaften Ausnutzung des gegebenen Terrains zu genügen, sind sämtliche Gebäude möglichst nahe an den Vereinigungspunkt der Werkstattgleise heran gerückt und so tote Winkel möglichst vermieden worden; ander Ostseite des Terrains ist dadurch eine beträchtliche Fläche für spätere Erweiterungen evtl. für andere Zwecke nutzbar geblieben.

Außer den Gebäuden für Lokomotiv- und Wagen-Reparatur enthält der Bahnhof ein Hauptmagazin, ein Magazin für Eisenmaterial und ein solches für Hölzer, ferner ein Verwaltungsgebäude sowie verschiedene kleinere Baulichkeiten und Anlagen.

Das Verwaltungsgebäude enthält im Souterrain einen Arbeiter-Speisesaal, im Hochparterre die Büro-Räumlichkeiten und in einem aufgesetzten Geschoss Wohnungen für Beamte des Werkstätten-Dienstes.

Sämtliche Gebäude sind in der möglichst einfachsten Weise konstruiert und ausgeführt; bei allen ist der Grundsatz festgehalten worden, ohne Vernachlässigung der Solidität, mit den geringsten Mitteln möglichst viel zu erreichen, wie die nachfolgende Beschreibung dies näher erweisen wird.

Es sind, in prinzipieller Abweichung von den bisher bei anderen Eisenbahn-Verwaltungen zur Ausführung gelangten Anlagen, die Werkstätten so angeordnet worden, dass sich um den Montageraum und von diesem direkt zugänglich die Spezial-Werkstätten – Dreherei, Schmiede, Stellmacherei, Kupferschmiede, Gelbgießerei etc. – in für sich abgeschlossenen Räumen gruppieren. Sämtliche Werkstatt-Räume liegen außerdem zu ebener Erde und bilden mit dem Montageraum ein einziges großes Gebäude. Jeder Raum enthält ein Meister-Büro, dessen Wände zum allseitigen freien Ausblick ringsum mit Fenstern versehen sind.

Auf gute Lüftung, Beleuchtung und Heizung, desgleichen auf die Herstellung eines warmen Fußbodens, namentlich an den Standstellen der Arbeiter und auf reichliche Anordnung von Wasser-Zapfstellen, ist ganz besonders Rücksicht genommen worden. Was die gewählten Größen der Werkstätten betrifft, so haben sich dieselben in folgender Weise ergeben:

**a) Die Wagen-Reparatur.** Die Berlin-Anhaltische Eisenbahn-Gesellschaft besaß am Schluss des Jahres 1876 einen Wagenpark von: 441 Personenwagen mit zusammen 1088 Achsen; 3327 Güter- u. Gepäckwagen mit zusammen 6844 Achsen; 34 Postwagen mit 102 Achsen, welche Wagen bei ihrer häufigeren Reparatur-Bedürftigkeit in Ansatz kommen mit 204 Achsen; gesamt = 8136 Achsen.

Ein Personenwagen kommt im Laufe eines Jahres mindestens ein Mal zur Werkstatt und verbleibt in derselben i. m. vier Wochen; ein Gepäckwagen, welcher ebenfalls ein Mal in die Werkstatt aufzunehmen ist, bleibt i. m. zwölf Tage in Reparatur. Es berechnet sich hiernach die Maximal-Zahl der in die Werkstatt aufzunehmenden Achsen auf 330.

Die Werkstatt enthält im ganzen 51 Gleise, auf deren jedem sechs Achsen Platz finden; nach Abrechnung von zwei Gleisen, die für die Ein- und Ausfahrt frei bleiben müssen, sind darin also aufnehmbar 294 Achsen.

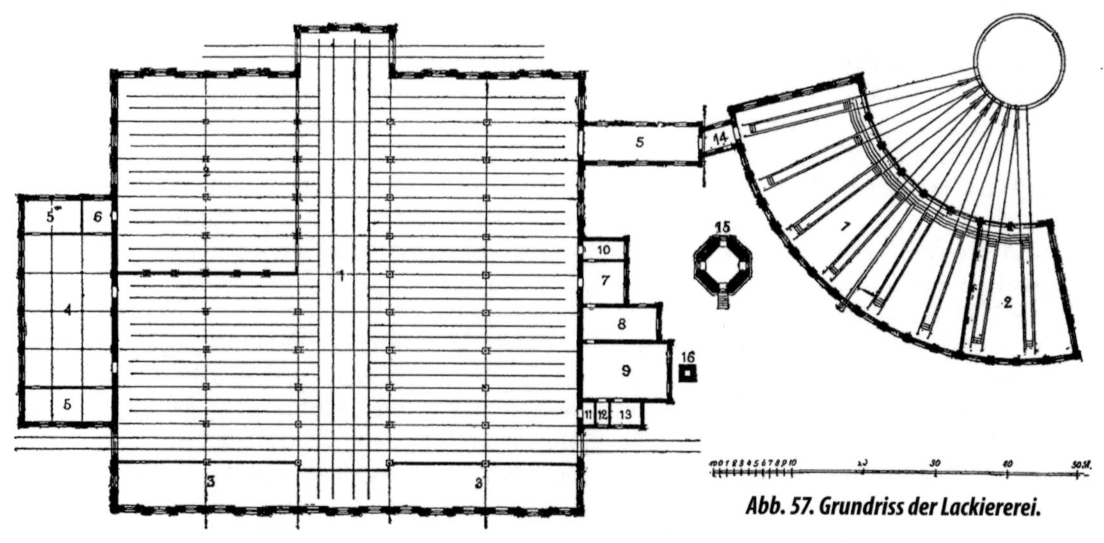

**Abb. 57. Grundriss der Lackiererei.**

1. Anstreicherei.
2. Lackiererei.
3, 3. Polsterei u. Sattlerei.
4. Aufbewahrung von Polstern.
5, 5, 5. Magazine.
6. Werkmeister.
7. Farben-Reibemaschine.
8. Pumpen.
9. Kesselhaus.
10. Meister-Büro.
11. Trockenraum.
12. Durchgang.
13. Kohlenraum.
14. Durchgang.
15. Wasserturm.
16. Dampfschornstein.

Im Lokomotiv-Schuppen:
1. Lokomotiv-Lackiererei.
2. Rangier-Maschinenstände.

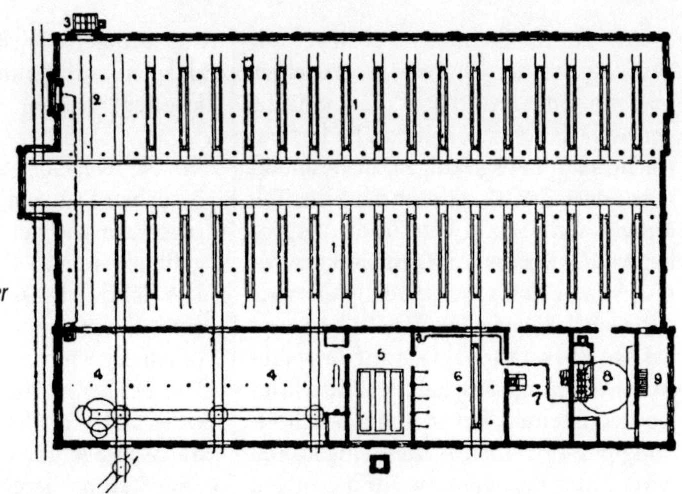



*Abb. 58. Grundriss der Lokomotiv-Reparatur.*

1, 2. Montageraum.
3. Blech-Glühofen.
4, 4. Dreherei.
5. Kesselhaus.
6. Raum zum Reinigen der Siederohre.
7. Kupferschmiede.
8. Gelbgießerei.
9. Modell-Tischlerei.

**b) Lackiererei.** Erfahrungsgemäß ist die Lackierung der Personenwagen alle zwei Jahre und der Anstrich eines Güterwagens ebenfalls alle zwei Jahre zu erneuern. Da die Personenwagen, wegen der gleichzeitig auszuführenden Aufpolsterungsarbeiten, i. m. sechs Wochen und die Güterwagen zwei Wochen in der Werkstatt bleiben, so muss die Lackiererei eine Achsenzahl von 141 fassen können.

Vorgesehen ist der Raum für 120 Achsen, welcher indes evtl. durch Hinzunahme des zur Aufbewahrung von gepolsterten Sitzen abgeteilten Raums so weit zu vergrößern ist, dass 132 Achsen gleichzeitig aufgenommen werden können.

**c) Lokomotiv-Reparatur.** Ende 1876 waren 150 Lokomotiven vorhanden, wovon der erfahrungsmäßige Reparaturstand 25 % oder 37 Lokomotiven beträgt. Die Werkstatt ist darnach so bemessen worden, dass dieselbe 36 Lokomotiv-Stände umfasst.

Für Aufstellung von Wagen im Freien innerhalb der Umzäunung sind 2000 m Gleislänge vorhanden, auf welchen rund 500 Achsen Platz finden, während unter Annahme des üblichen Satzes von 5 % nur 410 Achsen Raum auf den freien Gleisen vorzusehen gewesen sein würde.

Für die Bestimmung der Größen der hauptsächlichsten unter den Spezial-Werkstätten war die darin zu beschäftigende Arbeiterzahl maßgebend. Nach Erfahrungssätzen ist die erforderliche Arbeiterzahl zu 0,17 der Achsenzahl der Personenwagen plus 0,04 der Achsenzahl der Güterwagen, plus 2 Arbeitern pro Meile Bahnlänge anzunehmen und es berechnet sich hiernach für die Berl.-Anhalt. Bahn ein Arbeiterbedarf von 610, von welchem Bedarf etwa 10 % = 61 Arbeiter als Schmiede und Zuschläger, 25 % = 153 Arbeiter als Schlosser etc. und ferner 25 % = 153 Arbeiter als Tischler, Stellmacher etc. Beschäftigung finden werden.

Die Schmiede hat 14 Doppelfeuer an den Langseiten erhalten, an welchen 56 – 84 Handwerker beschäftigt werden können; außerdem in der Mitte des Raumes mehre Dampfhämmer, Rundfeuer und Richtplatten sowie ein Gleis zur Kohlenzuführung. Die Dreherei erfordert $1-2\,m^2$ Grundfläche pro Gesamtzahl der Arbeiter sonach $610-1220\,m^2$ Grundfläche; dieselbe hat $1140\,m^2$ erhalten. Für die Stellmacherei ist etwa ¼ des Raumes der Dreherei vorzusehen; man ist indes mit 876 m² Grundfläche der betr. Räume über diesen Bedarf beträchtlich hinausgegangen, insbesondere aus dem Grund, dass ein gewisser Teil dieses Raums schon jetzt für die Vergrößerung des Raums der Hauptwerkstatt zu reservieren sich als notwendig erwies.

In welcher speziellen Weise überhaupt bei der Werkstättenanlage auf die spätere Erweiterungsfähigkeit berücksichtigt worden ist, mag, bevor in die Beschreibung der einzelnen Bauten eingetreten wird, unter Bezugnahme auf diejenigen Andeutungen, welche hierzu der Situationsplan enthält, mit wenigen Worten klargelegt werden.

- Bei der Wagen-Reparatur kann an der östlichen Seite ein gleich großer Montageraum wie der vorhandene hinzugefügt werden.
- Die Schmiede ist durch den Neubau eines Raums zum Aufziehen von Radreifen erweiterungsfähig.
- Die Dreherei wird durch Versetzung eines Teils der kleineren Maschinen in die Montageräume entlastet.
- Die Stellmacherei ist durch Hinzuziehung des Holzschuppenraums zu vergrößern, für welchen Ersatz durch einen Neubau zu schaffen ist.
- Die Kesselanlage ist durch einen Neubau an der östlichen oder westlichen Seite des zweiten Montageraums bequem erweiterungsfähig.
- Die Lackiererei erhält zur Erweiterung eine einfache Längenvermehrung in nördlicher Richtung und der ringförmige Lokomotiv-Schuppen kann am westlichen Ende eine entsprechende Vermehrung der Ständezahl erhalten.

Dass eine ausreichende Erweiterung auch bei der Lokomotiv-Reparatur in einfachster Weise erreichbar ist, lehrt ein Blick auf den Situationsplan mit Hinzuziehung der demselben beigefügten Legende.

Der übersichtlichen Besprechung der Haupteinrichtungen und Konstruktionen der einzelnen Gebäude des Werkstätten-Bahnhofs, wird eine Vorführung derjenigen Gesichtspunkte etc., welche bei allen Baulichkeiten in gleicher Weise maßgebend gewesen sind, voranzustellen sein.

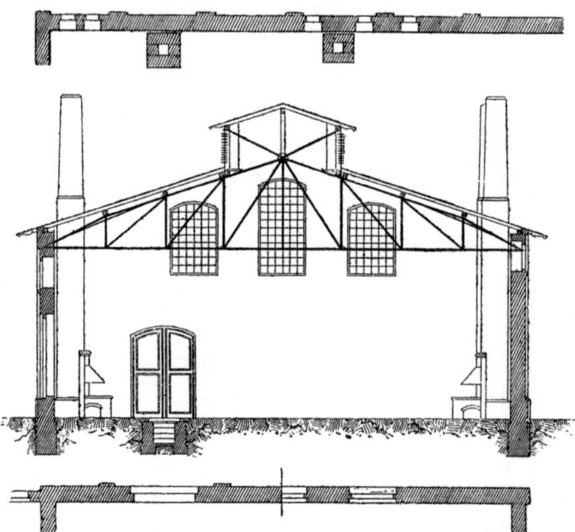

*Abb. 59. Die Schmiede.*

Es kommt hierbei zunächst die Wahl des Konstruktionsmaterials zu den Überdachungen der Gebäude in Betracht und es zeigen die unter *Abb. 60–65* beigefügten Skizzen, dass der Montierungsraum der Wagen-Reparatur, desgleichen die Stellmacherei, das Holzmagazin und die Lackiererei in Holz auf hölzernen Stützen, dagegen die Drehereien der Wagen- und Lokomotiv-Reparatur sowie die Lokomotiv-Reparatur selbst und der Lokomotiv-Schuppen in Eisen auf eisernen Stützen überdacht worden sind. Eine genaue Kostenermittlung hatte ergeben, dass bei den in der Wagen-Reparatur und der Lackiererei gewählten Stützweiten, trotz der heutigen sehr geringen Eisenpreise, Holzkonstruktionen dennoch ökonomischen Vorteil gewähren. Was ferner den zu Gunsten eiserner Überdachungen oft vorgeführten Grund der Feuersicherheit anbetrifft, so hat die Erfahrung mehrfach gelehrt, dass bei Gebäuden, die zum Unterbringen großer Mengen leicht brennbarer Gegenstände dienen, durch Verwendung eiserner Dächer eine wesentliche Verringerung der Gefahr keineswegs erzielt wird. Es ist, um nach dieser Richtung hin nach Möglichkeit vorzukehren, auf die Vollkommenheit der Löschvorrichtungen, ein besonderes Augenmerk verwendet und es ist wesentlich durch diese Rücksicht die Anlage des gedachten Wasserturms, eines ausgedehnten Röhrennetzes und zahlreicher Hydranten in- und außerhalb der Gebäude beeinflusst worden. Außerdem spricht diese Rücksicht in der geschehenen Einführung von vier Zufahrtsgleisen in der Wagen-Reparatur sich aus, durch welche man in den Stand gesetzt ist, bei ausbrechendem Feuer alle Räume des Gebäudes in möglichst geringer Zeit leer zu machen.

Bei der Lokomotiv-Reparatur und der Lokomotiv-Rotunde – mit ihrem viel weniger brennbaren Inhalt als die Wagen-Reparatur – hat die Rücksicht auf Feuersicherheit, bei den Drehereien die Notwendigkeit der Aufhängung von Transmissionen und der Schaffung von Laufbahnen für fahrbare Hebevorrichtungen, und endlich bei der Schmiede die vorhandene beträchtliche Spannweite von 22 m für die getroffene Wahl von Eisenüberdachungen den Ausschlag gegeben.

Von Interesse dürften einige Angaben über die Gewichte sein, welche bei den eisernen Dachkonstruktionen erreicht worden sind. Es wiegen:

- das Dach über dem Montageraum der Lokomotiv-Reparatur bei einer Binderteilung von 6 m und den Spannweiten von bzw. 7 m, 7,4 m und 11,4 m, im ganzen 190 628 kg; hiervon geht ab das Gewicht der Träger für Laufkrahn und dgl. dasjenige der Schiebefenster im Dachreiter mit 42 928 kg, so dass für das Gewicht der Dachkonstruktion incl. eiserner Stützen bleiben 147 700 kg, oder pro m² Grundfläche 24,7 kg. Das Dachgewicht, abgesehen von den Unterstützungen, ist 81 168 kg oder pro m² Grundfläche 13,6 kg.
- Dach der Dreherei: Die Binderteilung ist 3,6 m die Spannweite 10,6 m; das Gesamtgewicht exkl. des Gewichts für die Fahrbahnen der Laufkräne 33 464 kg, oder pro m² Grundfläche 30,7 kg; das Dachgewicht, abgesehen von allen unterstützenden Teilen, ist 24 542 kg, oder pro m² Grundfläche 23,5 kg.
- Dächer der Drehereien der Wagen- und Lokomotiv-Reparatur: Binderteilung 3,35 m; Spannweite 9,7 m; Gesamtgewicht, wie vor 36 013 kg, oder

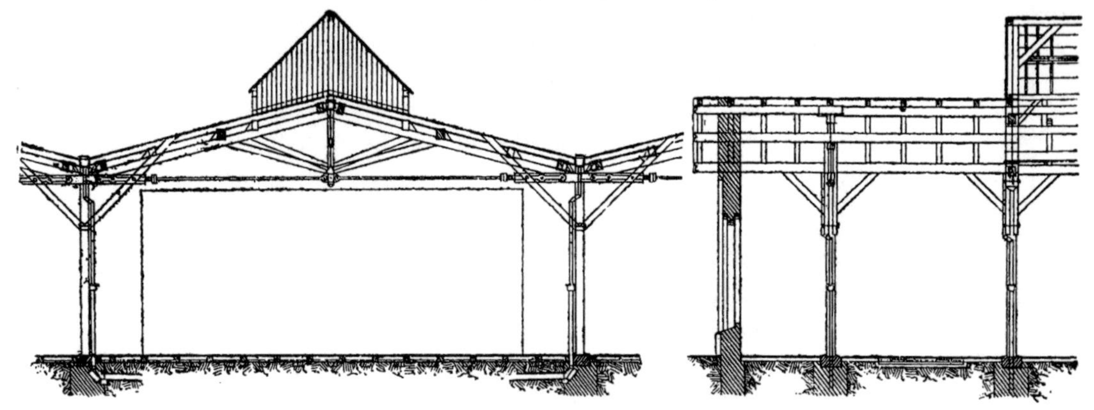

*Abb. 60. Wagen Reparatur, Montierungsraum.*

*Abb. 62. Wagen-Reparatur, Stellmacherei.*

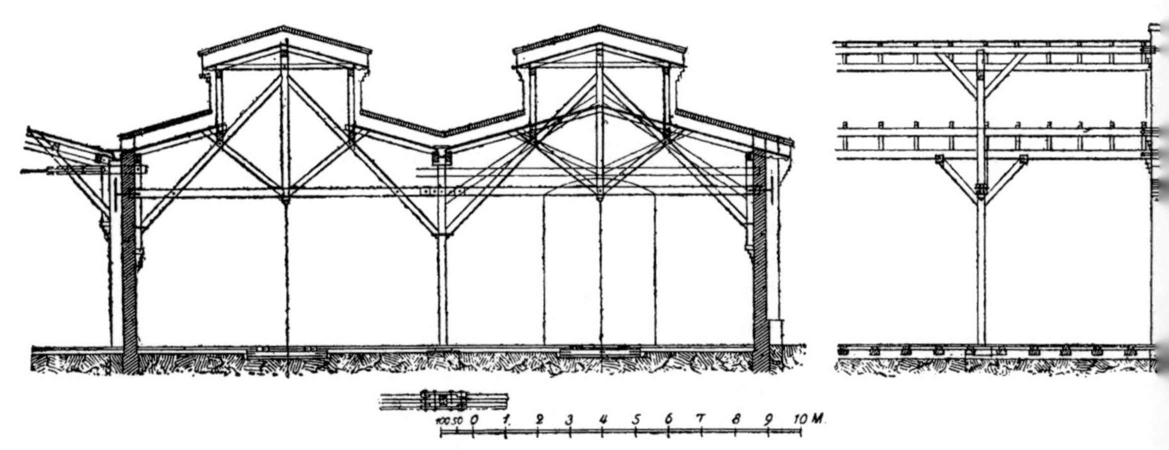

*Abb. 62. Wagen-Reparatur, Stellmacherei.*

*Abb. 64. Lackiererei.*

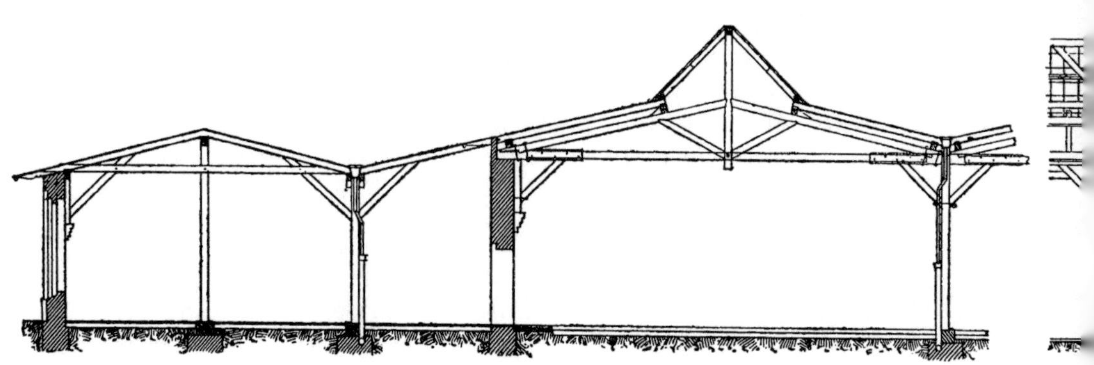

*Abb. 64. Lackiererei.*

Abb. 61. Wagen- und Lokomotiv-Reparatur, Dreherei.

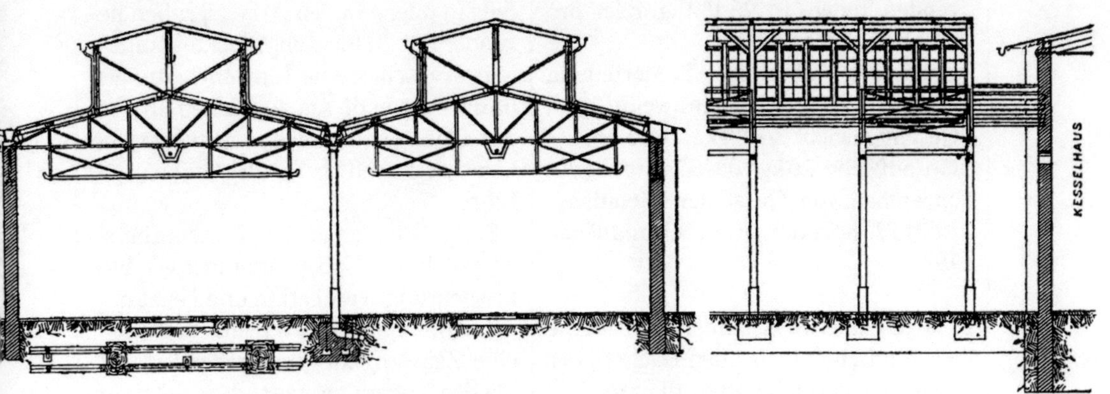

Abb. 63. Lokomotiv-Reparatur, Montierungsraum.

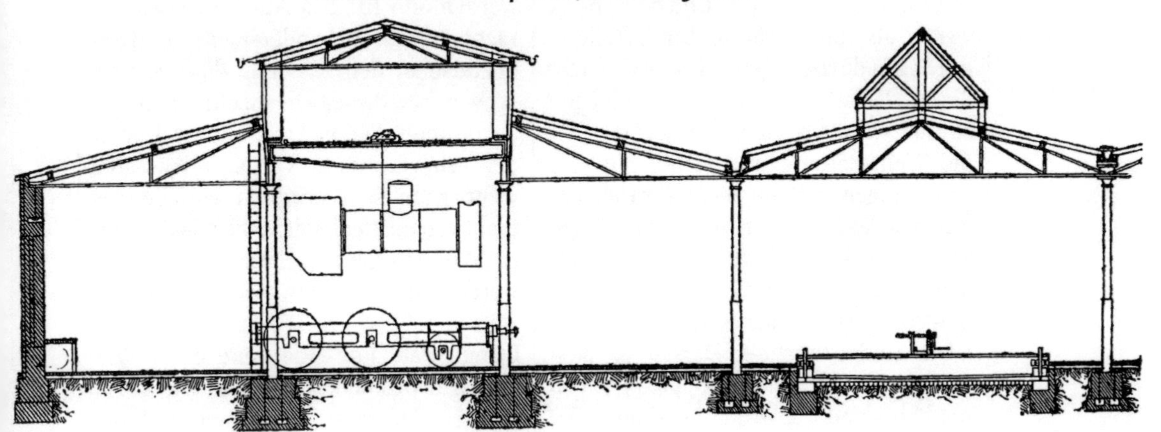

Abb. 65. Lokomotiv-Reparatur, Montierungsraum.

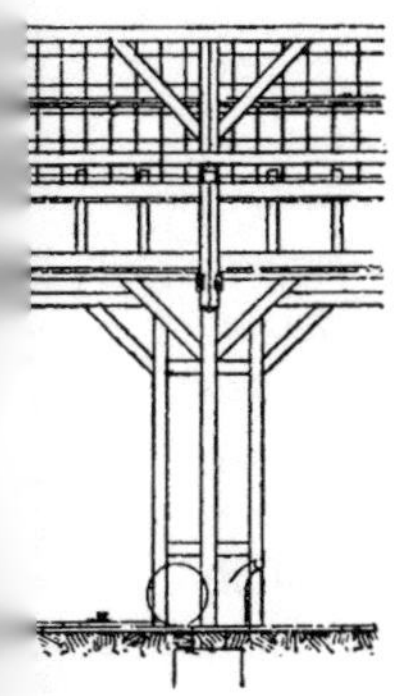
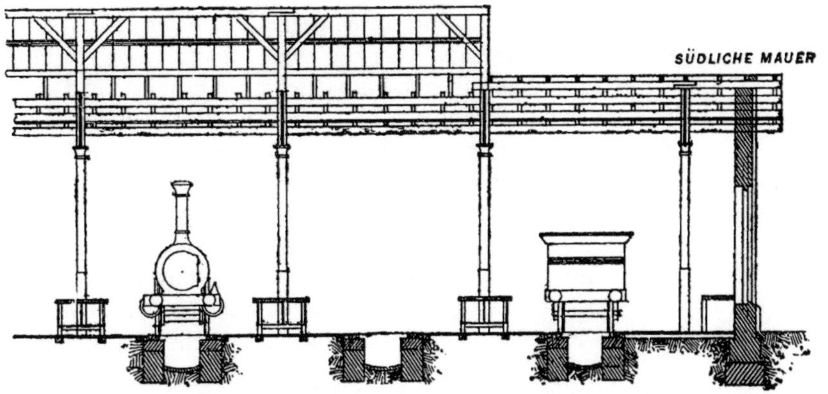

pro m² Grundfläche 31,5 kg; das Dachgewicht, abgesehen von den unterstützenden Teilen, ist 25 450 kg, oder pro m² Grundfläche 22,3 kg.

• Dach der Schmiede: Binderteilung 4,85 m bzw. 4,1 m; Spannweite 22 m; Gesamtgewicht 34 014 kg, oder pro m² Grundfläche 20 kg; das Dachgewicht, abgesehen von Gussteilen (Schuhen), ist 31 924 kg, oder pro m² Grundfläche 19 kg.

Es ist hierzu etwa zu bemerken, dass die enge Binderteilung bei den Dächern der Drehereien deshalb notwendig war, weil an den Dachbindern die Wellenleitungen aufzuhängen waren, und diese nicht weiter als die gewählte Binderteilung frei liegen durften. Das größere Gewicht dieser Dächer folgt aus den Zuschlägen zu den sonst üblichen Belastungen für die Wellenleitung und ferner aus den Spannungen, welche beim Betrieb der mit den Wellenleitungen verbundenen Maschinen hervor gerufen werden, endlich aus der Belastung durch die Laufkräne zum Heben der Achsen.

Die Eindeckung der Dächer ist ausnahmslos mit einer Doppellage von Asphaltpappe bewirkt worden. Die Bretterverschalung der Dächer ist, der leichteren Erwärmung der Räume wegen, doppelt ausgeführt; die eine der beiden Bretterlagen liegt oben auf den Sparren, die zweite ist von unten gegen die Sparren genagelt, so dass zwischen beiden Lagen eine ruhende Luftschicht sich befindet.

Die Entwässerung der Dächer ist durchgehends so bewirkt worden, dass in den Kehlen Bohlenrinnen nach einer sehr soliden Detailkonstruktion gelegt worden sind, die in die eisernen Säulen entwässern und da, wo die Dachstützen aus Holz bestehen, das Wasser an ein neben der Stütze liegendes Abfallrohr aus Zink abgeben. Das Wasser gelangt teils in offene in den Arbeitsgruben liegende, mit Bohlen abgedeckte Rinnen, teils in geschlossene Tonrohr-Leitungen und wird von diesen zu offenen, in dem durchlässigen Boden ausgehobenen Schwindgruben bzw. in Gräben geführt.

Einige Schwierigkeit verursachte bei so ausgedehnten Gebäuderäumen wie hier Erleuchtung, Ventilation und Heizung.

Zur Erlangung guten Lichts hatte man eine Zeit lang an Sheddächer gedacht, die den Vorzug besitzen, dass sie, wenn die Glasflächen nach Norden gekehrt werden, ein für das Auge angenehmes Licht gewähren. Andererseits besitzen Sheddächer den Nachteil, dass es sehr schwer ist, dieselben absolut dicht zu bekommen. Dieser Umstand und noch der weitere, dass im vorliegenden Falle, wenn man sich nördlich einfallendes Licht verschaffen wollte, die Glasflächen parallel den Gleisen hätten angeordnet werden müssen (was, wie viele Werkstätten zeigen, den Übelstand mit sich bringt, dass nur eine Seite eines Wagens gut beleuchtet wird) führte dazu, von Sheddächern abzusehen und die Beleuchtung durch auf die Firste der Satteldächer gestellte Oberlichter, deren Glasflächen unter 45° geneigt sind, zu bewirken. An einzelnen Stellen ist indessen diese Art von Oberlichtern durch zwischen die Sparren gelegte sattelförmige Lichter ersetzt worden.

Zur Ventilation sind die senkrechten Seitenflächen der Oberlicht-Aufbauten mit stellbaren Jalousien versehen worden und es sind außerdem für diesen Zweck sämtliche Fenster in den Umfassungswänden der Gebäude mit Luftflügeln versehen. In der Dreherei, Stellmacherei und Wagen-Reparatur sind die 2m hohen Wände der Dachreiter durch vertikal verschiebbare Fenster geschlossen. Diese Anordnung ist aus dem Grund gewählt worden, um für den Fall einer Erweiterung der Werkstatt an der östlichen Seite jenen, dann vollständig eingeschlossen liegenden Räumen eine entsprechend kräftiger wirkende Ventilation zu verschaffen. Die Beleuchtung der Schmiede erfolgt ausschließlich durch Seitenlicht. Zur Ventilation hat das Dach einen durchgehenden Dachreiter erhalten, dessen Seitenwände mit beweglichen Jalousien geschlossen sind. Vollkommener als diese allgemein gebräuchliche Lüftungsart wirkt indes die eigentümliche Einrichtung der Schmiedefeuer mit sehr tief herabreichenden, relativ weiten – gemauerten – Rauchmänteln und gemauerten, zu beträchtlicher Höhe aufgeführten Schornsteinen.

Die Erwärmung der sämtlichen Werkstatträume erfolgt durch Dampfheizung mit direktem Dampf. Die Heizanlagen bestehen in der Lokomotiv- und Wagen-Reparatur aus einem, an den Dachkonstruktionen aufgehängten Röhrensystem, durch welches der Dampf teils nach zwischen den Aufstellungsgleisen angeordneten Heizkörpern, welche aus Röhren mit aufgegossenen, radial gestellten Rippen, teils nach an den Außenwänden entlang geführten Röhren mit aufgegossenen Scheiben geleitet wird. Abweichend von dieser Einrichtung sind die Heizanordnungen in der Lackiererei ausgeführt, da es hier hauptsächlich darauf ankam, die Heizung so einzurichten, dass die Wärme den gestrichenen und lackierten Wagen direkt zugeführt wird. Es sind zu diesem Zwecke die Scheibenröhren (Röhren mit aufliegenden Ringen) in Kanäle zwischen die Schienen der Aufstellungsgleise gelegt worden.

Die Fußböden der beiden Drehereien, der Stellmacherei und des größten Teiles des Montageraumes in der Wagen-Reparatur hat einen Bohlenbelag erhalten; zwischen den Schienen der einzelnen Gleise liegt dagegen ein Zement-Estrich. Im Montageraum der Lokomotiv-Reparatur liegt ein Klotzpflaster, wozu das Material aus alten Schwellen entnommen worden ist. In der Schiebebühnen-Versenkung der Werkstatt ist Steinpflasterung hergestellt und eine gleiche Fußbodenbefestigung in der Lackiererei und in der Schmiede ausgeführt.

Die Fenster in den Umfassungswänden der Gebäude sind sämtlich in möglichst sauberem Herdguss mit sparsamster Gewichtbemessung (26,3 – 26,7 kg/m$^2$) ausgeführt; nur einige Fenster von bedeutender Größe in der frei liegenden Giebelwand der Schmiede sind in Schmiedeeisen hergestellt worden. Schließlich wird noch auf die Spezial-Einrichtungen, welche die einzelnen Werkstätten erhalten haben, in Kürze einzugehen sein.

**1. Die Wagenreparatur-Werkstatt** besteht zunächst aus einem 73 m breiten, 160 m langen Montageraum. Die Breite dieses Raumes ist so bemessen, dass auf jedem der 5,5 m von einander entfernten Aufstellungsgleise 4 dreiachsige bzw. 6 zweiachsige Wagen und zwischen denselben noch einige leere Achsen Platz finden. dass ferner auf der in der Mittelachse des Raume liegenden – unversenkten – Seil-Schiebebühne ein Wagen von größter Länge bewegt werden kann und alsdann noch reichlicher Raum zur Aufstellung von Feilbänken und zur Kommunikation verbleibt. Das Gebäude hat vier direkte Zufahrtsgleise, wovon zwei an den beiden Giebelseiten, welche zum Ende entsprechende Vorbauten erhalten haben, vorgebaut sind und zwei in der Mitte des Gebäudes liegen; letztere Gleise sind aus oben angegebenem Grund quer durch das Gebäude hindurch geführt.

An den Montageraum lehnen sich im Westen ein kleiner Raum zum Ausbrennen und Reparieren der Achsbuchsen nebst Magazin und im Osten die Stellmacherei und Tischlerei mit einem Holzmagazin und die Dreherei an. Zwischen beiden liegt das Kesselhaus mit drei Dampfkesseln. Die Stellmacherei hat die Lichtweite von 19 m, die Länge von 46,1 m; die Dreherei ist 19 m weit und 60,1 m lang, während das Kesselhaus die Größe von 19 m zu 11 m erhalten hat.

An die Südseite des Gebäudes ist die der Wagen- und Lokomotiv-Reparatur gemeinsame Schmiede gelegt, die nicht nur von der Dreherei und vom Montageraum aus zugänglich ist, sondern auch bei einer späteren, im Osten des Gebäudes durch den Anbau eines neuen Montageraumes etwa erfolgenden Erweiterung auch zu diesem neuen Raume bequem liegen wird. Das Gebäude ist 21,25 m breit und 78,44 m lang. Die Lichtmaße der Schmiede sind bestimmt worden mit Rücksicht auf den nötigen Raum für zwei seitlich liegende Reihen von Schmiedefeuern, sowie auf die in der Mittelachse aufzustellenden Dampfhämmer, Richtplatten und Rundfeuer. Außerdem ist in die Schmiede ein Gleis zur Zubringung der Kohlen eingeführt worden, zwischen dessen Schienen einige Gruben als Vorratsräume für die Schmiedekohlen eingebaut sind.

**2. Die Lackiererei und Anstreicherei.**
Die Lackiererei für Wagen besteht aus einem 66 m breiten, 58 m langen Schuppen, welcher 20 je 5,1 m voneinander entfernte Gleise hat. Ein Teil des Schuppens, der fünf Gleise enthält, ist für sich abgeschlossen *(Abb. 57)* und bildet die eigentliche Lackiererei, während der übrige Raum zum Anstrich der Wagen benutzt wird.

Da während der Anstricharbeiten auch die Polsterreparaturen an den Wagen auszuführen sind, so ist mit der Lackiererei und Anstreicherei passend auch die Sattler- und Polsterwerkstatt verbunden, welche in einem schmalen gut erleuchteten Raum an der Nordseite des Schuppens untergebracht ist. An der Ostseite des Baus sind noch verschiedene Räume angebaut, welche teils zum Aufstellen der herausgenommenen gepolsterten Sitze, teils als Magazin, teils zum Reinigen der Rosshaare benutzt werden, während sich an der Westseite Räume zum Aufstellen von Farbenreibe-Maschinen, Magazine und ein Meisterbüro anreihen.

Als Lackiererei für die Lokomotiven ist mit der Lackiererei für die Wagen ein ringförmiger Lokomotiv-Schuppen verbunden worden, da es unzweckmäßig erschien, diese nahe zusammengehörenden Anlagen voneinander zu trennen. Sechs Stände in diesem Schuppen sind für den Bedarf der Lackiererei bestimmt und die zwei übrigen zum Aufstellen von zwei Rangiermaschinen.

**3. Die Lokomotiv-Reparaturwerkstatt.**
Dieselbe besteht aus einem großen Montageraum, an dessen Westseite sich die Dreherei, ein Kesselhaus, ein Raum zum Reinigen der Siederöhren, eine Kupferschmiede, Gelbgießerei und Modelltischlerei anschließen. Der Montageraum ist 53,26 m breit und 112,5 m lang. Die Breite ist so bemessen, dass auf der in der Mittelachse des Raums laufenden

versenkten Schiebebühne eine Lokomotive ohne Tender transportiert werden kann, dass zu beiden Seiten noch je eine Lokomotive mit Tender Platz findet und dass dann noch genügender Raum für Gänge und zum Aufstellen von Werkbänken übrigbleibt. Die Gleisdistanz ist zu 6 m angenommen worden, um zwischen den Gleisen Tische mit verschließbaren Schränken aufstellen zu können.

Das Dach über dem Teil östlich der Schiebebühne ist, da dieser Raum ausschließlich für Reparaturen schwerer Stücke benutzt werden soll, um so viel höher gelegt, dass für einen Laufkran Raum gewonnen wird, dessen Bahn auf den entsprechend verstärkten eisernen Dachstützen ruht *(Abb. 63)*. In den Montageraum sind zwei Werkmeisterbüros eingebaut. Eine besondere Schmiede hat die Lokomotiv-Reparatur vorläufig nicht erhalten. Es ist nur ein einzelnes Feuer in die Dreherei eingebaut, an welchem kleinere Schmiedearbeiten gefertigt werden können.

Die Dreherei ist 20,6 m weit und 52,87 m lang. An dieselbe schließt sich das Kesselhaus mit zwei Dampfkesseln an, deren Heizfläche so bemessen ist, dass sie im Winter den Dampf für die Dampfheizung mit liefern können. Das Kesselhaus lässt Raum zum Aufstellen noch eines dritten Kessels.

Der Raum zum Reinigen und Aufbewahren der Siederöhren ist 17,31 m lang, 20,6 m breit. Es ist durch denselben das Ausfahrtsgleis für die Lokomotiven geführt, welches mit einer Vorkehrung zum Wiegen der Achsbelastung der Lokomotiven versehen ist. Hieran schließen sich die Kupferschmiede und Gelbgießerei und Modelltischlerei an, welche sämtlich direkte Ausgänge nach dem Montageschuppen haben.

**Maschinelle Einrichtungen der Werkstätten.** Die Wagenreparatur ist mit zwei neuen 30 PS-Maschinen, von denen eine als Reserve dient, die Lokomotivreparatur mit einer Dampfmaschine, die aus den älteren Werkstätten übergeführt wurde, versehen; die Lackiererei ist mit einer neuen 12 PS-Dampfmaschine ausgerüstet, die nur zum Teil zum Betrieb der Farbenreibe-Maschinen und hauptsächlich zum Betriebe der Pumpen der Wasserleitung dient.

Von den Werkzeugmaschinen sind viele aus den alten Werkstätten herüber genommen und nur einzelne neu beschafft worden.

Aus der Ausrüstung der Schmiede, sowie der der Lokomotiv-Reparatur sind insbesondere zwei (gleiche) Vorrichtungen zum Aufziehen der Radreifen, bei welchen das Anwärmen der Reifen durch Knallgas bewirkt wird, erwähnenswert; aus der Wagen-Reparatur die Schiebebühne mit Seilbetrieb, welche der in den neuen Reparaturwerkstätten der Rheinischen Bahn bei Köln aufgestellten nachgebildet, und in Deutz erbaut worden ist. Zwei Mann bilden die Bedienung, durch welche das Auf- und Abschieben der Wagen bewirkt wird. Die Schienenbühne bewegt sich bei normaler Geschwindigkeit mit 0,8 m pro Sek. Die versenkte Schiebebühne im Montierungsraum der Lokomotiv-Reparatur wird, bei dem weniger häufigen Gebrauch als in der Wagen-Reparatur, von Hand mittels Zahnrad-Mechanismus bewegt.

Die Kosten der ganzen Bahnhofsanlage (inkl. Gleise, maschineller Einrichtungen und Einfriedigung) sind zur Zeit noch nicht genau angebbar. Der Kostenanschlag lautete auf 2 400 000 Mark[1] exkl. des Grunderwerbs und es ist ge-

1) rund 30 Mill. € in 2022.

gründete Aussicht vorhanden, dass diese Summe nicht überschritten, sondern dass sogar noch ein nicht unerheblicher Teil derselben erspart werden wird.

Der Bau der Wagen-Reparatur wurde Anfangs 1877 begonnen, das Verwaltungsgebäude Ende 1877, die Lokomotiv-Reparatur Ende 1878. Es sind in Betrieb genommen worden: die Wagen-Reparatur im Sommer 1878, die Lokomotiv-Reparatur im Sommer 1879; das Verwaltungsgebäude wurde im Herbst 1878 bezogen. Der Fortgang der Bauarbeiten entsprach dem Fortgang der Projektierungsarbeiten, welche vielfach dadurch gehemmt wurden, dass, den wechselnden Zeitverhältnissen entsprechend, mehrfach Änderungen und Reduzierungen an dem Projekt vorgenommen wurden.

Das Projekt zu den Anlagen wurde gemeinschaftlich von dem Regierungs-Baumeister Lantzendörffer, Vorsteher des techn. Büros der Berlin-Anhaltischen Eisenbahn-Gesellschaft und Maschineninspektor Stösger (im Auftrage des Ober-Maschinenmeister Hennig) bearbeitet; die spezielle geschäftliche und technische Leitung der Bauausführung war dem Abteilungsbaumeister Faulhaber übertragen, das Projekt zum Verwaltungsgebäude hat Baumeister Schwechten zum Verfasser.

Selbstverständlich unterlagen die sämtlichen Projektierungs- und Ausführungsarbeiten der endgültigen Entscheidung des dieselben stets mit reger Teilnahme verfolgenden stellv. Vorsitzenden der Direktion, Geh. Ober-Baurat Siegert und des Ober-Ingenieurs für den Neubau Baurat Wiedenfeld.

*Friedrich Gerlach*

## Die elektrische Untergrundbahn der Stadt Schöneberg

Die 1910 eröffnete Untergrundbahn der damals noch selbstständigen Stadt Schöneberg – heute die Berliner Linie U 4 – war nicht nur die zweite U-Bahn in Deutschland, sie setzte auch neue Maßstäbe bei der Baulogistik und viele Verfahren der ›Berliner Bauweise‹ wurden hier zum ersten Mal angewendet. Dem Verfasser dieses Buches, Stadtbaurat Friedrich Gerlach (1856 – 1938), oblag die oberste Leitung für das Projekt der Schöneberger Untergrundbahn und so erfährt der Leser aus erster Hand, wie die Strecke geplant und gebaut wurde. Über 120 Zeichnungen und Fotos illustrieren dieses Zeitdokument der Berliner Verkehrsgeschichte.

*• ISBN 978-3-7519-1432-1*

*Fritz Eiselen • Albert Hofmann*

## Die elektrische Hoch- und Untergrundbahn in Berlin

Mit der Eröffnung der Berliner Hoch- und Untergrundbahn am 18. Februar 1902 fanden zehn Jahre Planung und Bau der ersten deutschen U-Bahn ihren vorläufigen Abschluss. Die damaligen Redakteure der ›Deutschen Bauzeitung‹ Fritz Eiselen und Albert Hofmann schildern die Arbeiten aus Sicht der Ingenieure und Architekten. Dabei gehen sie nicht nur auf die technischen Aspekte ein, sondern widmen sich auch der künstlerischen Ausgestaltung der Strecke und der Bahnhöfe. Zahlreiche Fotos und Zeichnungen illustrieren dieses Zeitdokument der Berliner Verkehrsgeschichte.

*• ISBN 978-3-7528-9695-4*

Friedrich Schultheis • Alexander Marx
**Der Bau des Ludwigs-Kanal**
**zwischen Main und Donau 1836 bis 1846**
Mit dem Ludwigs-Main-Donau-Kanal gelang es, die Europäische Wasserscheide zu überwinden und eine schiffbare Verbindung von der Nordsee zum Schwarzen Meer schaffen. Innerhalb von zehn Jahren wurden 100 Schleusen, über 70 Dämme sowie zahlreichen Brücken und Brücken-kanäle errichtet. Friedrich Schultheis schildert hier detailreich den Fortgang der Bauarbeiten von den ersten Planungen bis zur Einweihung im Juli 1846. 26 Doppelseitige Illustrationen von Alexander Marx geben einen Eindruck von diesem Meisterwerk der Technikgeschichte.
**• ISBN 978-3-7386-4028-1**

Emil Dominik
**Quer durch und ringsum Berlin**
**Ein Fahrt auf der Berliner Stadt- und Ringbahn im Jahr 1883**
Der Verleger und Publizist Emil Dominik reist 1883 mit seinem Freund, dem Künstler Lüders, auf der Berliner Stadt- und Ringbahn ›quer durch und rings um Berlin‹. Dabei werden viele interessante Begebenheiten und Anekdoten aus der Geschichte Berlins und seiner Vororte erzählt.
**• ISBN 978-3-7562-0185-3**

Bernhard Hoppe
**Mit dem Käfer in die Alpen**
**Reise-Tagebücher 1961 – 1963**
Dank des Wirtschaftswunders war es am Anfang der 1960er Jahre für fast jedermann möglich, in den Urlaub zu fahren. Selbst ›exotische‹ Ziele wie Österreich oder Italien konnte man sich leisten. Die Kost war noch regional, aber für einen gelungenen Urlaub genauso wichtig wie heute. Dieses Buch führt in eine Zeit, in der Massentourismus noch unbekannt war und warmes Wasser noch nicht selbstverständlich. Rund 150 Fotos illustrieren dieses authentische Zeitdo-kument.
**• ISBN 978-3-7519-3741-2**

**Schmiedekunst und Glockenguss**
**Eine Zeitreise durch 300 Jahre Metallhandwerk**
Eine Zeitreise in Originaldokumenten durch die Geschichte des Metallhandwerks vom späten 16. bis ins 19. Jahrhundert. Viele heute vergessene Techniken, Werkzeuge und Produkte werden wieder lebendig. Zahlreiche historische Holzschnitte und Kupferstiche zeigen die Werk-stätten und Arbeitsweisen der vergangenen Zeit.
**• ISBN 978-3-7543-8430-5**